邊玩邊學
程式設計
30堂PYTHON

創意程式課，輕鬆掌握程式語言，
培養運算思維！

希娜‧瓦帝耶納坦 --—‧→ 著
Sheena Vaidyanathan

屠建明 --—‧→ 譯

邊玩邊學程式設計
30堂PYTHON

創意程式課，輕鬆掌握程式語言，
培養運算思維！

希娜・瓦帝耶納坦 ----·→ 著
Sheena Vaidyanathan

屠建明 ----·→ 譯

邊玩邊學程式設計

30堂Python創意程式課，輕鬆掌握程式語言、培養運算思維！

Creative Coding in Python: 30+ Programming Projects in Art, Games, and More

作者　　　　希娜・瓦帝耶納坦

譯者　　　　屠建明

執行編輯　　顏妤安

行銷企劃　　高芸珮

封面設計　　賴姵伶

版面構成　　賴姵伶

發行人　　　王榮文

出版發行　　遠流出版事業股份有限公司

地址　　　　臺北市南昌路2段81號6樓

客服電話　　02-2392-6899

傳真　　　　02-2392-6658

郵撥　　　　0189456-1

著作權顧問　蕭雄淋律師

2019年9月30日　初版一刷

定價　　　　新台幣399元

有著作權・侵害必究　Printed in Taiwan

ISBN　978-957-32-8573-1

遠流博識網　http://www.ylib.com

E-mail: ylib@ylib.com

（如有缺頁或破損，請寄回更換）

國家圖書館出版品預行編目（CIP）資料

邊玩邊學程式設計：30堂Python創意程式課,輕鬆掌握程式語言、培養運算思維！/ 希娜.瓦帝耶納坦著；
屠建明譯. -- 初版. -- 臺北市：遠流, 2019.09
　面；　公分
譯自：Creative coding in python : 30+ programming projects in art, games, and more
ISBN 978-957-32-8573-1(平裝)
1.Python(電腦程式語言)
312.32P97　　108007474

謹獻給我的父親：
是他激發了我，並讓我相信自己總能做到
超乎預期的事。

目錄

序言

8　什麼是程式設計？
8　為什麼要學程式設計？
8　為什麼要學PYTHON？
9　安裝PYTHON
10　第一行程式碼
11　PYTHON函式
11　電腦很挑剔：認識錯誤
12　解決問題：
　　寫演算法來規劃程式碼
12　虛擬程式碼
13　流程圖

打造你的
聊天機器人

主要概念

16　以變數儲存資料
19　從使用者處取得資料
20　在螢幕輸出資料
22　在程式碼加入註解
23　在電腦上算數學

專題

26　打造你的聊天機器人

更進一步

32　實驗與延伸

打造你的
藝術傑作

主要概念

38　海龜圖
40　迴圈
44　在清單儲存資料

專題

46　創作幾何藝術

更進一步

50　實驗與延伸

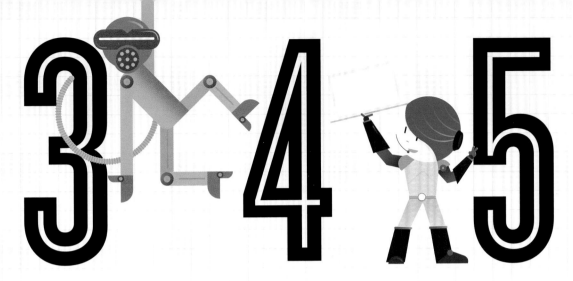

打造你的
冒險遊戲

主要概念

56 電腦懂得真與假

59 電腦可以結合TRUE和FALSE

61 以條件式為基礎的程式碼

66 電腦可以根據條件式執行迴圈

專題

69 打造冒險遊戲

更進一步

77 實驗與延伸

打造你的
骰子遊戲

主要概念

84 建立自訂函式

88 電腦可以隨機選取項目

89 讓迴圈跑過清單或字串

專題

91 打造你的骰子遊戲

更進一步

98 實驗與延伸

打造你的
應用程式和遊戲

主要概念

104 圖形使用者介面（GUI）

105 GUI事件迴圈

106 GUI從視窗開始

107 可點擊按鈕

110 在畫面上加上形狀、文字和圖片物件

111 根據鍵盤控制移動物件

112 根據滑鼠點擊移動物件

113 從使用者取得資料

114 GUI能依照排程執行程式碼

115 退出GUI程式

專題

116 打造你的街機風格遊戲

更進一步

124 實驗與延伸

128 你還可以做什麼？

136 詞彙表

138 資源

139 致謝

140 關於作者

141 索引

序言

ENGLISH?

PYTHON?

0100101?

PYTHON?

什麼是程式設計？

程式設計是給電腦指令的一種方式，用電腦能理解的語言來寫成指令。可以把程式設計想成對電腦「說話」，叫它解決問題或做出東西，像是遊戲或應用程式。我們用來對電腦說話的語言就是程式語言，而一整套指令就稱為「**程式**」（program）或「**程式碼**」（code）。

為什麼要學程式設計？

程式設計是一種強大的工具，讓我們發揮創意來製做自己的應用程式、工具和遊戲。程式設計讓藝術家和Maker創作只有程式碼能完成的作品。學習程式設計能幫助我們了解周遭的數位世界。現代的世界是建立在程式碼的基礎上，從智慧型手機的應用程式、線上購物網站到自動櫃員機（ATM）都是。因為電腦影響了幾乎所有產業，瞭解程式碼可以讓你為任何工作做好準備。

程式設計的一環是解決問題。寫程式時，我們要把一個問題分解成不同步驟，用數學和邏輯發展出解決方法，接著測試和調整來解決這個問題。程式設計的學習能吸引各年齡層的學生並幫助他們瞭解數學、科學、語言等領域。

為什麼要學Python？

世界上有數百種程式語言，各有不同的特殊目的，也有各自的優缺點。Python是在1980年代由吉多・范羅蘇姆（Guido van Rossum）發明，以英國電視喜劇《蒙提・派森的飛行馬戲團》（Monty Python's Flying Circus）命名，和蛇完全沒有關係！

Python被用來在網際網路上建立應用程式、用於科學研究，也用來製作遊戲、藝術作品、電影等等。用Python寫出來的著名應用程式包括YouTube、Google、Instagram和Spotify。Python廣受歡迎的理由有很多，包括：

❶ 好學又好用。

❷ 簡單又強大。完成一項工作只要幾行程式碼。

❸ 免費且開源：這代表它有廣大的使用者和開發人員社群，共同將它推廣到各種應用。

❹ 在任何地方都能運作，包含Windows、Mac、Linux和Raspberry Pi。

安裝Python

為了使用Python語言，在電腦上要安裝Python「**編譯器**」（interpreter），用它來讀取、理解和執行Python程式碼。我們還需要能輸入和儲存程式碼的工具。

從python.org免費下載Python時，我們會獲得IDLE（Integrated DeveLopment Environment，整合開發環境），讓我們建立、儲存、編譯和執行程式碼。IDLE是一種程式設計師使用的離線整合開發環境（IDE）。Python也有幾種線上的版本。我們可以用不同的IDE來輸入和執行Python程式碼，但本書呈現的截圖和範例都是在Python IDLE的程式碼。

目前Python有兩大版本：Python 2和Python 3。本書採用Python 3。

如何使用本書

Python程式碼和虛擬程式碼的字體和其他文字不同。程式碼中的註解以粗體表示。程式的輸出放置在標頭「Sample Run」下方。程式碼無法容納在一行時，用「\」表示換行。

這是程式碼 # 這是註解
程式碼很長的時候會換行到第二行，注意行末的 \ 符號

虛擬程式碼

這是虛擬程式碼

程式不同部分的顏色

為了讓程式設計更簡單，IDLE可以把程式碼的不同部分以不同顏色顯示。例如Python字串「hello, world」可以用綠色顯示，而Python函式「print」可以用紫色顯示。點選IDLE設定就能自動這些顏色和字型。

第一行程式碼

安裝Python IDLE後，執行這個應用程式，就會看到Python殼層視窗（shell window）。左邊的視窗是來自Mac，但其他平臺的版本會類似。你會看到以下提示：

```
>>>
```

它已經準備好讓你輸入程式碼。

Python殼層是可以用來實驗片段程式碼的地方，因為程式碼會立即執行。除非選擇儲存，否則Python殼層中的程式碼在關閉IDLE後就會遺失。我們會用Python殼層來測試和學習列於本書「主要概念」的Python程式碼。針對專題的部分，我們會用IDLE來輸入程式碼到檔案裡，這樣就能儲存、變更和多次執行。

傳統上，程式設計的入門是經典的「hello, world」程式。它的目的是讓電腦在螢幕上顯示這兩個字。這個簡單的程式有幾種變化，包含加上「!」和使用大寫，但在本書，我們要用這句話的最早版本之一「hello, world」。

在Python，如果要在螢幕上顯示任何東西，也就是讓螢幕上出現文字，只要輸入「print」，並把要顯示的文字放在括號內的引號中。

首先，在Python殼層的提示**>>>**輸入以下：

```
print('hello, world')
```

程式碼有區分大小寫，應全部以小寫輸入，而文字放在單引號或雙引號內皆可。

電腦隨即會回應「hello, world」。接著回到提示，等待其他指令。多輸入一些要顯示的句子吧。

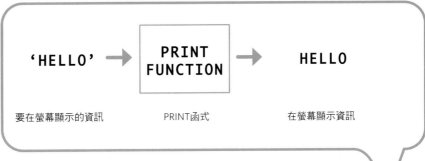

要在螢幕顯示的資訊　　　　PRINT函式　　　　在螢幕顯示資訊

Python函式

前面的print程式碼在電腦程式語言裡稱為print「**函式**」（function）。函式是用來做事情的程式碼。你可能已經在數學或試算表應用程式看過函式（例如試算表的「平均」函式會取數字集合的平均）。可以把Python函式想成用來做某件事的黑盒子。不需要知道裡面的魔法，只要知道怎麼用。我們不用知道print函式的原理也能在螢幕上顯示文字。

有時候函式會讀取資訊，有時候會回報資訊。例如print函式會讀取要顯示的資訊（引號內的文字），接著做我們要它做的事：在螢幕上顯示這個資訊。在本書中，介紹Python程式語言時我們會用「函式」這個詞來取代「指令」或「程式碼」。

在Python寫程式時，我們會用Python語言裡可用的很多函式。在第4章，我們會學習如何寫出自己的函式。

電腦很挑剔：認識錯誤

和之前一樣輸入print程式碼，但這次放進一個錯誤（error），例如拼錯字或少一個引號。會怎樣呢？

```
>>> print('hello, world)

SyntaxError: EOL while scanning string literal
>>> Print('hello, world')
Traceback (most recent call last):
  File "<pyshell#2>", line 1, in <module>
    Print('hello, world')
NameError: name 'Print' is not defined
>>>
```

我們會在Python殼層看到以IDLE所設的顏色（例如紅色）顯示的錯誤訊息。如你所見，在print指令少放下引號或使用大寫P是起不了作用的。

電腦很挑剔！在程式碼裡即使是小錯誤也會產生稱為「**語法錯誤**」（syntax error）的錯誤。這代表語言沒有確實依照定義來使用；這種錯誤和語言的語法有關。

語法錯誤通常容易修正，尤其因為錯誤旁邊會有彩色行或錯誤訊息會解釋電腦哪邊看不懂。所有語法錯誤都修正後，電腦程式仍然可能不會如預期來運作。這種錯誤稱為「**執行階段錯誤**」（runtime error）。這是來自程式碼使用方式或解決問題方法的錯誤。這種錯誤就是程式碼中的「**bug**」。有些bug容易修正，但有些要花很多時間。找出和修正這些bug的過程稱為「**除錯**」（debug），是學習程式設計很關鍵的一部分。

解決問題：寫演算法來規劃程式碼

學習程式語言的函式和語法來對電腦下指令只是程式設計的一部分。通常較難的另一部分是知道要下什麼指令來解決特定問題。每次要在電腦上建立東西或解決問題時，都要給電腦指令。這些指令都要依電腦必須遵循的順序清楚定義。這套在電腦上進行任何工作所需的依序步驟稱為「**演算法**」（algorithm）。我們在日常生活中都有用到演算法，只是不一定稱它們為演算法。例如如果要做蛋糕，我們會依照食譜，這是一系列依序的步驟。食譜就是一種演算法。為了解決問題和寫出好的程式碼，程式設計師會透過兩種方法寫下步驟（即演算法）來預先規劃：虛擬程式碼（pseudocode）或流程圖（flowchart）。

虛擬程式碼

這是以英語等非正式、簡單的自然語言寫成的演算法，常以縮排來整理指令。

舉例來說，以下是為四人餐桌擺放碗盤的虛擬程式碼。

虛擬程式碼

以下重複4次
　　前往餐桌下一個空位
　　放一個碗在此處
　　在碗左側放一張餐巾
　　在碗右側放一把湯匙

以下是加總使用者輸入的十個數並顯示在螢幕的虛擬程式碼。

虛擬程式碼

設總和為0
以下重複10次
　　從使用者取得數
　　將數加至總和
將總和顯示於螢幕

縮排的指令是要重複的。在第二個例子裡，兩個縮排的步驟（向使用者取得數和加到總和）重複10次。接著電腦在完成重複後把總和顯示在螢幕。

流程圖

這是用方塊和箭頭圖形的視覺方法寫成的演算法，用來呈現指令的順序。本書中流程圖使用的方塊形狀為：

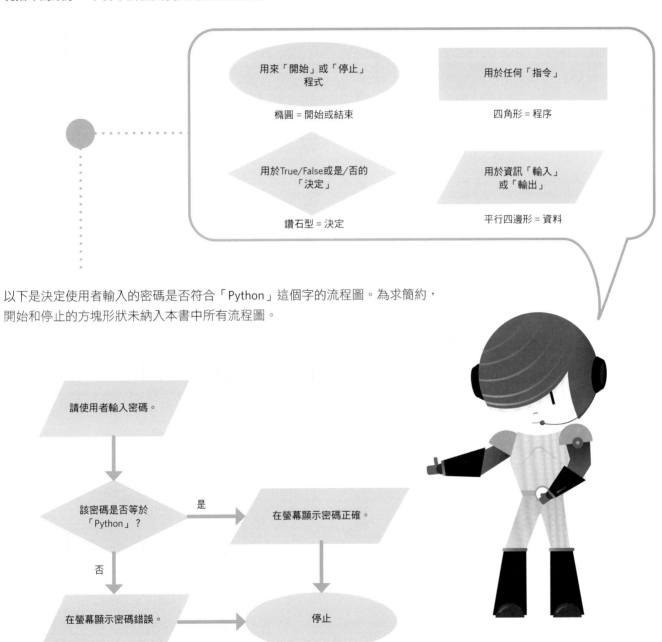

用來「開始」或「停止」程式

橢圓 = 開始或結束

用於任何「指令」

四角形 = 程序

用於True/False或是/否的「決定」

鑽石型 = 決定

用於資訊「輸入」或「輸出」

平行四邊形 = 資料

以下是決定使用者輸入的密碼是否符合「Python」這個字的流程圖。為求簡約，開始和停止的方塊形狀未納入本書中所有流程圖。

請使用者輸入密碼。

該密碼是否等於「Python」？ ──是── 在螢幕顯示密碼正確。

否

在螢幕顯示密碼錯誤。 ──→ 停止

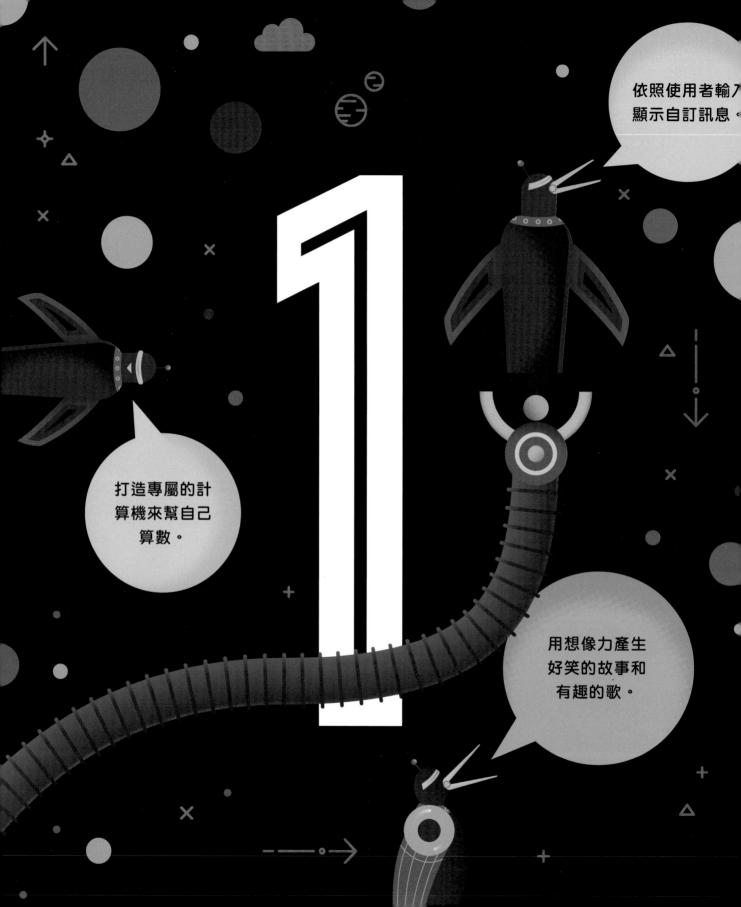

打造你的
聊天機器人

用變數儲存來自
使用者的資訊。

用強大的數學
函式做運算。

主要概念
以變數儲存資料

我需要儲存玩家的分數。我要使用變數。

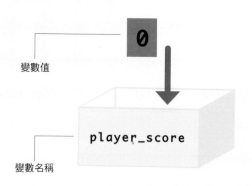

變數值

變數名稱

電腦把資訊儲存在記憶體，供程式使用。這種資訊稱做「**資料**」（data）。有時候這種資料由使用者提供，有時候在程式執行時產生。

資料儲存在「**變數**」（variable）裡。可以把變數想成電腦記憶體裡的一個盒子。盒子的名稱就是變數的名稱，而盒子的內容物就是儲存的資料，稱為變數的「**值**」（value）。你在數學課可能已經用過變數，同樣也代表資料（未知數），但不直接對應儲存位置。

舉例來說，電腦程式可能需要記錄遊戲中玩家的分數。這個資料可以儲存在名為player_score的變數。上圖顯示初始值0（遊戲開始時的分數）儲存在player_score變數。

在Python儲存變數

在Python中，只要用等號就能將資料儲存於變數。

我們用以下這行把初始分數0儲存在名為**player_score**的變數：

```
player_score = 0
```

把這行讀成「**player_score**變數設為0」或「player_score變數被指派0這個值」。不要把它讀成數學等式，否則接下來的例子會很難懂！

隨著遊戲進行，分數會改變，因此變數中的值必須改變。例如程式可能需要把玩家的分數加1。電腦會取變數**player_score**裡儲存的舊數值，把它加1，再存回**player_score**。進行這項工作的Python描述式是：

```
player_score = player_score + 1
```

只要在Python殼層輸入變數名稱就能隨時查看變數儲存的資料。它會回傳裡面的值。因此，在每行後面輸入**player_score**。

```
>>> player_score = 0
>>> player_score
0
>>> player_score = player_score + 1
>>> player_score
1
```

如果要儲存的資料是文字，就需要單引號或雙引號。在Python裡文字稱為「**字串**」（string）。

```
name = 'Zoe'
```

注意拼字

如果嘗試存取沒被指派任何值的變數，會出現錯誤。因此，在本頁的例子哩，如果拼錯變數的名稱，會出現錯誤。例如如果輸入「Player_Score」，就會顯示錯誤，因為指派的變數名稱是「player_score」。變數名稱是區分大小寫的。

巢狀引號

如果文字使用單引號或雙引號，它的外面必須使用另一種引號。例如：

```
s = "Shelly的家"
action = '她大叫"走開！"'
```

新增字串

Python字串（文字）可以加在一起變成更長的字串。例如：

```
>>> name = 'Zoe'
>>> message = '愛寫程式'
>>> name + message
'Zoe 愛寫程式'
```

新增字串長用來在程式裡建立新的訊息或資訊。有時候程式會以空字串開始，顯示為「"」，再於執行過程中加入新資訊。

選個好名字

變數的名稱要讓我們容易記得它儲存的是哪種資料。你可以把玩家分數的變數命名為「**icecream**」，但「**player_score**」比較明顯易懂，也是良好的程式設計習慣。同樣地，你可以把分數的變數命名為「**x**」，但淺白的「**player_score**」可以幫助你記得它的用途。

對於較長的名稱，Python程式設計師通常使用小寫文字搭配底線「**_**」來提升可讀性，例如「**player_score**」。但有些情況下程式設計師會混合大小寫，例如「**playerScore**」。

Zyxo

What is your name?

你叫什麼名字？

變數名稱必須遵守一些規則：

➜ 不能有空格或特殊字元，如#、@等。

➜ 不能以數字開頭。

➜ 不能已經用來當作Python函式的詞，例如print。

我們來看幾個例子。

```
alien name = 'Speedy'
```

這行不通，因為變數名稱有空格。這時會看到語法錯誤，也就是Python告訴你它看不懂。

```
>>> alien name = 'Speedy'
SyntaxError: invalid syntax
```

但是我們可以用底線字元或結合大小寫來寫出較長的名稱。

```
alienName = 'Speedy'
```

這可以用；變數名稱沒有空格。

```
alien_name = 'Speedy'
```

這也可以用；變數名稱沒有空格。

從使用者取得資料

. . . .

電腦可以透過不同方式從使用者取得資訊，例如：使用者可以在鍵盤打字或按滑鼠來提供資訊。

這樣的資訊通常儲存在變數，供之後使用。

這是會取得使用者輸入的資訊的變數的名稱。資訊永遠是一個字串。

這是給使用者的提示。

```
name = input   ('你叫什麼名字？')
```

在Python輸入資料

用input函式即可透過鍵盤從使用者取得資訊。這個函式會取給予使用者的提示，並把來自使用者的資訊放入變數。例如：

在Python殼層輸入以下：

```
name = input('你叫什麼名字？')
```

接著輸入你的名字，然後按Enter。如果在Python殼層輸入變數**name**，會看到裡面儲存的值就是剛才輸入的資訊。以下是它的原理。

```
>>> name = input('你叫什麼名字？')
你叫什麼名字？Nico
>>> name
'Nico'
```

注意：使用者輸入的資料永遠是字串。

在螢幕輸出資料

hello, world!

電腦也需要輸出資訊給使用者，可以是螢幕上的圖形、喇叭發出的聲音，或單純在螢幕上顯示文字。

在Python輸出資料

用print函式即可在螢幕上輸出任何資訊。在本書序言中，我們已經在Python程式碼的第一行看過它。print函式可以用來顯示文字、數字、儲存在變數的資料，或以上元素的組合。

字串：

```
print('hello, world')
print("Shelly的朋友")
```

整數（integer）：

```
print(23)
```

小數（在Python稱為「**浮點數**」（float））：

```
print(3.14)
```

對於儲存在變數的資料，使用變數的名稱：

```
print(player_score)
```

對於多個項目，以逗號區隔：

```
print('你的最後得分是', player_score)
print('很高興認識你', username, '。')
```

以下print函式的例子使用多個項目，包括先前設定的變數。

```
>>> player_score = 100
>>> username = 'Zoe'
>>> print('你的最後得分是', player_score)
你的最後得分是 100
>>> print('很高興認識你', username, '。')
很高興認識你 Zoe 。
```

結尾字元

根據預設，每個print函式都會建立新的一行，因為輸出的結尾預設為換行字元。你可以新增自己的結尾字元來變更這個設定。有多個要顯示的項目，而且不想要分行顯示時，這就很好用。舉例來說，可以像以下這行用逗號分隔每個輸出項目：

```
print(23, end=',')
```

在程式碼加入註解

這個程式碼是做什麼的？我忘了！早知道加上註解。

程式設計師會用「**註解**」（comment）來讓程式碼更容易讀和修改。註解是用英語等自然語言寫成的筆記，用來幫助我們記得程式碼怎麼運作，或用來向使用這個程式碼的程式設計師做說明。盡責的程式設計師會勤加註解，這樣之後就能輕鬆修正或變更程式碼。

在Python加入註解

加入註解的方法是用「#」符號，並在後面寫註解。Python編譯器會忽略#和後面的任何東西，因為它不是Python程式碼，而是給人類讀的筆記。以下是幾個例子。

```
player_score = 0    # 遊戲開始時將分數初始化為0
# 遊戲開始前取得使用者名稱
player_name = input('輸入你的名字')
```

在本書中，所有註解都會以粗體呈現。在自己的電腦上嘗試使用範例程式碼時，不用輸入註解。本書裡的註解比一般程式設計師會寫的還多，因為在這裡是把它們當作教學工具來深入說明程式碼。

在電腦上算數學

. . . .

電腦可以進行大量的統計和複雜的數學運算。這是電腦最初的用途，一直到現在也是寫程式最常見的原因之一。我們現在感興趣的是計算使用網站和應用程式時產生的大量資料。寫出自訂的程式來分析資料對很多領域的應用都有助益。

在Python進行運算

Python殼層可以成為強大的計算機。在Python殼層輸入以下內容來嘗試基本數學運算。記得，不需要輸入註解（#本身和後面的內容）。

```
350 + 427   #加法
987 - 120   #減法
34 * 45   #乘法以「*」表示
57 / 2   #除法以「/」表示
57 // 2   #向下取整數除法：捨棄分數部分
57 % 2   #回報除法的餘數
3 ** 2   #3的2次方
round(100/3, 2)   #四捨五入到百分位
(100 - 5 * 3) / 5   #依序運算
```

```
350 + 427   #加法
987 - 120   #減法
|
```

結果會像以下：

```
>>> 350 + 427
777
>>> 987 - 120
867
>>> 34 * 45
1530
>>> 57 / 2
28.5
>>> 57 // 2
28
>>> 57 % 2
1
>>> 3 ** 2
9
>>> round(100/3, 2)
33.33
>>> (100 - 5 * 3) / 5
17.0
```

我們可以用變數來儲存一些數，用它們來算數。例如：

```
width = 100
height = 20
area = width * height #面積等於寬乘以高
print(area)
```

注意，以上變數的數值沒有小數點（即為整數）。

我們也可以用有小數點的數值，稱為浮點數。在Python殼層嘗試以下：

```
distance = 102.52
speed = 20
time = distance / speed
time
```

為什麼有時候2＋2等於22！

即使使用者輸入的資訊看起來像數字，它永遠都是文字！

在Python殼層嘗試輸入以下內容看看。

```
number = input("輸入一個數字：")
number + number
```

範例中的變數**number**（如下）看起來是整數2，但它其實是文字：字串「2」。在Python殼層輸入**number**，從它的引號就能看出來。在範例中，使用者輸入2，並以「2」顯示。因此加入兩個字串會產生串聯的字串（兩段文字的組合），使「2」和「2」成為「22」。

```
>>> number = input("輸入一個數字：")
Enter a number: 2
>>> number + number
'22'
```

如果要把使用者輸入的資訊當成整數，必須使用**int**函式，明確把它從字串轉換成整數。舉例來說，如果要把這個例子裡的變數轉換成整數，並再次儲存在相同的變數**number**裡，就這樣寫：

```
number = int(number)
```

為了讓加法如預期運作，這樣寫：

```
number = input('輸入一個數字：')
number = int(number)
number + number
```

看Python殼層下方的輸出即為以上說明的實例。

```
>>> number = input("輸入一個數字：")
Enter a number: 2
>>> number + number
'22'
>>> number
'2'
>>> number = int(number)
>>> number
2
>>> number + number
4
```

打造你的聊天機器人

現在我們要做一個「**聊天機器人**」（chatbot）：看似能用文字和人類對話的程式。藉由本章節的主要概念，我們會取得使用者輸入並把資訊顯示在螢幕來回應使用者。當然，因為我們還在本書的第一章，這個聊天機器人會比較簡單。後續的章節會介紹能讓聊天機器人更進一步的概念。

你可以自訂聊天機器人回應和問題的文字。

註：這個程式沒有錯誤檢測，因為它是本書的第一個程式。我們假設使用者會在每一步驟都輸入正確。在後續章節，我們會介紹一些檢查錯誤的方法。

ELIZA聊天機器人

有一個名為ELIZA的聊天機器人在1960年代成名。它說明了電腦科學家感興趣的一個議題：怎樣的電腦才算有智慧（可以閱讀「圖靈測試」相關介紹來深入瞭解）。ELIZA的成功在於尋找規律和給予相關的回應。它讓很多人以為它有類似人類的情緒。

哈囉。我是Zyxo 64。我是一個聊天機器人

我喜歡動物，也喜歡聊食物

你叫什麼名字？：Joe

你好 Joe ，很高興認識你

我記不太清楚日期。今年是幾年？：2019

好的，我覺得沒錯。謝謝！

你能猜出我的年齡嗎？輸入一個數字：15

沒錯，你猜對了。我 15

我再 85 年就100歲了

到時候是 2104

我喜歡吃巧克力，也喜歡嘗試各種新食物

你呢？你最喜歡的食物是什麼？：披薩

我也喜歡 披薩

你多久吃一次 披薩 ？：每天

真有趣。不知道這樣對健康好不好

我最喜歡的動物是長頸鹿。你呢？：烏龜

烏龜 ！我不喜歡。

不知道 烏龜 喜不喜歡吃 披薩 ？

你今天心情如何？：開心

為什麼你現在覺得 開心 呢 ？

請告訴我：因為週末了

我知道了。謝謝分享

今天事情真多

我累到無法聊天了。之後再聊。

再見 Joe ，我喜歡跟你聊天

第1步：為程式碼建立新檔案

目前我們用Python殼層來嘗試了幾行的程式碼。因為接下來要做專題，需要能輕鬆儲存和編輯，所以要用一個檔案來輸入程式碼。

❶ 點擊File（檔案）> New File（新增檔案）。

❷ 在新視窗中輸入一個註解（給自己看的專題筆記）。

❸ 按下File（檔案）> Save As（另存新檔），命名為「Chatbot.py」並儲存在電腦（其他名稱也可以；這只是建議）。

❹ 按下Run（執行）> Run Module（執行模組）就能執行程式碼。

附檔名.py代表這是一個Python檔案。如果要執行這個Python檔案，可以按下Run（執行） > Run Module（執行模組）或從任何有安裝Python的電腦的指令行介面。例如可以在Unix或Mac的終端視窗用「python3 Chatbot.py」來執行這個專題。

What is your name?

你叫什麼名字？

第3步：展示你的數學程式設計能力

如果要展示聊天機器人的算術能力（並且試用Python數學函式），就問使用者今年的年份，並且猜聊天機器人的年齡。接著回應聊天機器人滿100歲的年份。（可以輕鬆改成問使用者自己的年齡，然後回答他們滿100歲的年份。）

虛擬程式碼

從使用者取得今年年份

從使用者取得聊天機器人年齡

顯示猜測正確

將聊天機器人年齡轉換為整數

設年數為100 - 聊天機器人年齡

顯示我再多少年就100歲

將今年年份轉換為整數

顯示那時候是目前年份 + 年數

第3步結束時的Python程式碼

```
# 取得年份資訊
year = input('我記不太清楚日期。今年是幾年？：')
print('好的，我覺得沒錯。謝謝！')
# 請使用者猜年齡
myage = input('你能猜出我的年齡嗎？ -輸入一個數字：')
print('沒錯，你猜對了。我', myage)
# 計算聊天機器人滿100歲的年份
myage = int(myage)
nyears = 100 - myage
print('我再', nyears, '年就滿100歲了')
print('到時候是', int(year) + nyears)
```

把以上的程式碼加到你的檔案，接著按下Run > Run Module 來測試。

第2步：加入自我介紹的程式碼

首先，聊天機器人用print描述式來自我介紹並用input描述式來問使用者的名字。使用者輸入的名字會儲存在名為name的變數，之後用來顯示專屬訊息。

虛擬程式碼

顯示聊天機器人自我介紹

取得使用者名字

顯示打招呼加名字

第1步結束時的Python程式碼

```
# 聊天機器人自我介紹
print('哈囉。我是Zyxo 64。我是一個聊天機器人')
print('我喜歡動物，也喜歡聊食物')
name = input('你叫什麼名字？:')
print('你好', name, '，很高興認識你')
```

把以上的程式碼加到你的檔案，接著按下Run > Run Module來測試。

I will be 100
in 2104

我再2104年就滿100歲了

第4步：使用儲存的資料產生簡單的填入式回應範本

接著我們可以用使用者輸入的資料在對話中適合的地方針對幾個話題問使用者問題並回應。以下的例子是討論食物和動物的對話範例。注意使用者輸入的回應是如何儲存在變數並用於print描述式。

```
# 食物話題
print('我喜歡吃巧克力，也喜歡嘗試各種新食物')
food = input('你呢？你最喜歡的食物是什麼？: ')
print('我也喜歡', food,)
question = '你多久吃一次' + food + '?: '
howoften = input(question)
print('真有趣。不知道這樣對健康好不好')


# 動物話題
animal = input('我最喜歡的動物是長頸鹿。你呢？: ')
print(animal,'！我不喜歡。')
print('不知道', animal, '喜不喜歡吃', food, '?')
```

把以上的程式碼加到你的檔案，接著按下Run > Run Module來測試。

好好吃！

I like chocolate.
What about you?

我喜歡巧克力。你呢？

How you are feeling?

你心情如何？

第5步：加入關於心情的對話

加入一些關於使用者心情的評論，以通用的評論回應，這樣聊天機器人就不用根據使用者的輸入來做真正有智慧的回應。

```
# 關於心情的對話
feeling = input('你今天覺得如何？: ')
print('為什麼你現在覺得', feeling, '呢?')
reason = input('請告訴我: ')
print('我知道了。謝謝分享')
```

把以上的程式碼加到你的檔案，接著按下Run > Run Module 來測試。

用專屬道別作結

用使用者的名字寫成專屬道別來結束聊天機器人的對話。

```
# 道別
print('今天事情真多')
print('我累到無法聊天了。之後再聊。')
print('再見', name, '，我喜歡跟你聊天')
```

把以上的程式碼加到你的檔案，接著按下Run > Run Module 來測試。

GOODBYE

如何改進這個聊天機器人？

這個專題的程式碼最大的問題之一是電腦無法選擇要給什麼輸出，無法根據輸入來選擇不同的輸出。如果要突破，聊天機器人必須做決定。我們會在第3章用條件描述式來達成這個目的。為了讓這個聊天機器人更有趣，可以加入一點無法預測性，讓它每次執行都說些不同的話。我們在第4章學習清單和隨機模組就能做到。

聊天機器人還能加入暫停，讓它看起來像在思考。我們在第3章會學怎麼做。

在第3章的最後和第4章的最後，都可以再回到這個專題並新增程式碼來讓你的聊天機器人更聰明和好用。

這個聊天機器人是屬於你的；用你的創意和Python程式碼來讓它有自己的特色和更有人性吧。

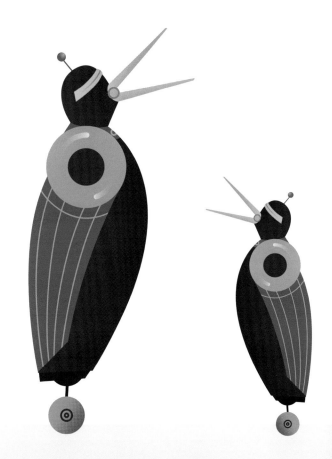

好用的聊天機器人

現在有很多聊天機器人能進行簡單的對話，用於銷售、客服等應用。隨著運算能力的提升，聊天機器人不只能看懂輸入的文字，還能聽懂人類語言。它們能根據大量資料來做出有智慧的回應，而且不只用文字，還能用人類的聲音。

更進一步
實驗與延伸

實驗1：Mad Libs填詞遊戲

利用在變數儲存使用者輸入，並用於新輸出的概念，我們可以模仿經典的Mad Libs遊戲。

虛擬程式碼

從使用者取得名詞、動詞等

以回應顯示**Mad Libs**句子

範例執行

舉出這個房間內的一項物品：桌子

你喜歡什麼食物？：披薩

你最喜歡什麼顏色：綠色

輸入一種動物園裡的動物：長頸鹿

長頸鹿 跳上 綠色 桌子 然後飛過城市到他最喜歡的餐廳吃披薩。

MAD LIBS填詞遊戲

Mad Libs是1950年代由倫納德·斯特恩（Leonard Stern）和羅傑·普萊斯（Roger Price）發明的經典遊戲。一位玩家請另一位玩家提供一連串的詞彙，再用這些詞彙來填入故事中的空格，接著讀出好笑的故事或句子。初版的Mad Libs遊戲書有以下的範例：

「（嘆詞）！他（副詞）地說著，同時跳進他的敞篷（名詞），和他（形容詞）的老婆驅車離去。」

實驗2：歌詞產生器

用範本產生一首歌，接著用使用者輸入的詞彙填入。給使用者提示，讓使用者輸入有意義的詞，使歌詞順暢。

虛擬程式碼

從使用者取得歌詞用的詞彙

顯示將回應填入範本後的歌詞

範例執行

輸入紅色的東西的複數詞。例如玫瑰：櫻桃

輸入藍色的東西的複數詞。例如紫羅蘭：海洋

輸入你喜愛的東西的複數詞。例如小狗：小貓熊

輸入一個動詞，例如跳躍、唱歌：跳舞

櫻桃 是紅色的

海洋 是藍色的

我喜歡 小貓熊

但更喜歡和你 跳舞 ！

實驗3：單位轉換器

寫出一個程式來將英寸、英磅和華氏溫標（美國使用的度量單位）資訊轉換成公分、公斤和攝氏溫標（公制度量單位）。

虛擬程式碼

從使用者取得英寸數

轉換英寸數為整數

設公分數為英寸數 × 2.54

顯示公分數Print cm

從使用者取得英磅數

轉換英磅數為整數

設公斤數為英磅數 / 2.2

顯示公斤數

從使用者取得華氏溫度

轉換華氏溫度為整數

設攝氏溫度為華氏溫度 - 32 / (9/5)

顯示攝氏溫度

範例執行

以英寸為單位輸入距離：102

102 英寸等於 259.08 公分

以英磅為單位輸入重量 145

145 英磅等於 65.91 公斤

以華氏溫標輸入溫度：70

華氏 70 度等於攝氏 21.11 度

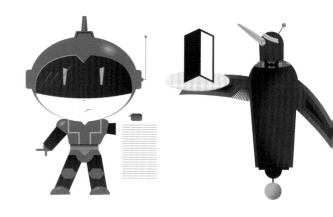

實驗4：餐廳帳單計算機

向使用者詢問餐廳帳單總額、想要給的小費比例，及要分攤帳單的人數。提供總小費及總額，附上每人小費金額和每人帳單金額。

虛擬程式碼

從使用者取得帳單金額

從使用者取得小費比例

從使用者取得人數

轉換所有使用者輸入為整數

設小費總額為帳單總額 ×（比例 / 100）

設帳單總額為帳單總額 + 小費總額

顯示每人小費、小費總額 / 人數

顯示每人總額，總額 / 人數

範例執行

帳單總額為何？：55

想要給多少%的小費？：15

有幾個人分攤帳單？：4

小費總額 = 8.25

帳單總額 = 63.25

每人小費金額 = 2.06

每人總額 = 15.81

實驗5：油漆計算機

向使用者詢問以英尺為單位的房間長度、寬度和高度，並詢問門和窗戶的數量。提供要油漆的總面積和牆壁所需的油漆總量（假設每扇門可以扣除20平方英尺、每扇窗扣除15英尺，且油漆面積是每加侖350平方英尺）。

虛擬程式碼

從使用者取得高度、寬度、長度

從使用者取得窗戶和門的數量

設牆面積為 (2 × 長 × 高) + (2 × 寬 × 高)

設無油漆面積為 20 × 門數 + 15 × 窗戶數

設油漆面積為牆面積 – 無油漆面積

顯示油漆面積

設加侖數為牆面積 / 350

顯示四捨五入到百分位的加侖數

範例執行

以英尺為單位輸入房間長度：24

以英尺為單位輸入房間寬度：14

以英尺為單位輸入房間高度：9

輸入門數量：2

輸入窗戶數量：4

需油漆總面積 584

需油漆加侖數 1.67

用色彩清單創作
彩虹藝術。

用Python海龜
創作藝術。

2

當試各種形狀、色
彩、尺寸和背景。

用迴圈重複形狀
並創造只有程式
碼做得到的精巧
幾何圖案。

打造你的
藝術傑作

運用創意畫出
人臉、房子和
更多東西。

海龜圖

海龜圖（turtle graphics）是學習Python和使用程式碼創作藝術作品的有趣方式。

虛擬海龜是以三角形呈現的螢幕游標，可以透過輸入指令用它在螢幕上畫圖。這種指令稱為函式（參閱〈序言〉中更多關於Python函式的介紹），包含：

→ 往所有方向移動
→ 網所有方向轉彎
→ 變色
→ 提起和放下畫筆
→ 移動到螢幕任何位置

這些函式可以結合起來創作複雜的藝術作品。舉例來說，讓海龜向前移動100步的函式會在路徑上畫出一條線。所有動作都相對於海龜目前的位置。

爲什麼是海龜？

海龜圖的靈感來自LOGO程式語言所控制的海龜機器人。LOGO是由西摩爾・派普特（Seymour Papert）、沃利・弗爾傑（Wally Feurzeig）和辛西亞・所羅門（Cynthia Solomon）在1967年所開發，他們的貢獻持續啟發各種現今用於教育的程式語言。

如何在Python使用海龜圖

首先，在開頭輸入以下程式碼，表示要開始使用海龜圖：

```
import turtle
```

如此會匯入（import），也就是帶入程式中並啟用Python中一個具有海龜所有函式的模組。這種模組是Python的擴充套件，具有特定應用所需的函式；在這個例子裡是具有使用海龜圖所需函式的模組。

要用海龜做任何事情的第一步是建立一個海龜並指派給變數。把這個變數想成海龜的名字。在本書的範例中，海龜叫做「shelly」，但你可以用任何文字來命名變數。

```
shelly = turtle.Turtle()
```

把以上兩行程式碼輸入Python殼層。接著會看到新視窗開啟。這就是海龜圖的視窗，中間有一隻三角形小海龜。

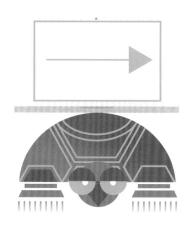

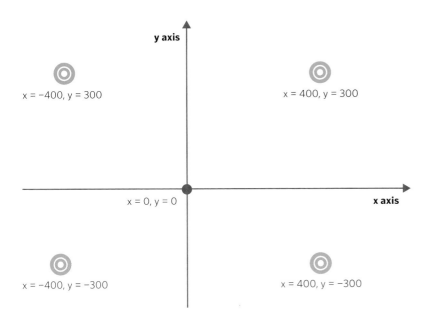

y axis

x = -400, y = 300

x = 400, y = 300

x = 0, y = 0

x axis

x = -400, y = -300

x = 400, y = -300

接下來可以給海龜指令（函式）來控制它。在Python殼層輸入以下Python函式，一次輸入一個，看看它們有什麼作用。為了更容易操作，移動視窗讓Python殼層視窗和海龜圖視窗並排，這樣就能看到輸入每行程式碼時圖形的變化。

```
shelly.forward(100)  # 把shelly向前移動100步
shelly.right(90)  # 把shelly右轉90度
shelly.left(60)  # 把shelly左轉60度
shelly.backward(100)  # 把shelly後移100步
shelly.color('red')  # 讓shelly用紅色畫圖
shelly.circle(10)  # 讓shelly畫尺寸為10的圓
shelly.penup()  # 讓shelly提起筆
shelly.pendown()  # 讓shelly放下筆開始畫
shelly.reset()  # 清除畫面並回到起點
shelly.goto(35, 80)  # 移動到x座標35、y座標80
shelly.hideturtle()  # 讓shelly在螢幕上隱形
```

視窗的中心點是x座標0和y座標0。參考上圖中海龜圖視窗的其他樣本點。

改變海龜的形狀

你可以把海龜的形狀從經典三角形變成更寫實的海龜形，只要輸入：

```
shelly.shape('turtle')
```

如何找出自己在海龜圖的位置

只要顯示目前座標就知道自己的位置。

```
print(shelly.xcor(), shelly.\
ycor())
```

電腦螢幕各有不同，因此本書的範例在你的電腦上看起來可能有點不一樣。在Python殼層輸入以下就能查看螢幕的尺寸：

```
turtle.screensize()
```

主要概念
迴圈
....

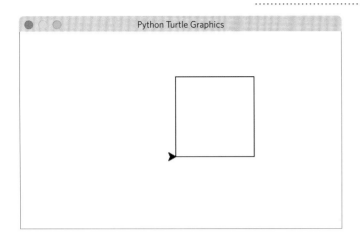

Python Turtle Graphics

我們來看一個海龜在螢幕上畫正方形的例子，如上圖所示。

從海龜的目前位置開始，輸入函式讓它移動和直角轉彎（90度）。想像自己拿一枝筆，走在一大張紙上做記號。

以下是畫出尺寸100的正方形的虛擬程式碼指令：

虛擬程式碼

向前移動100步

向左轉90度

向前移動100步

向左轉90度

向前移動100步

向左轉90度

向前移動100步

向左轉90度

以上的程式碼是重複的。看出規律了嗎？有兩行重複4次，每次畫正方形的一個邊。

電腦很擅長重複做任何事。所有程式語言都有內建重複一組指令的功能，稱為「**迴圈**」（loop）。

我們可以把虛擬程式碼寫得更簡單：

虛擬程式碼

以下重複4次：

向前移動100步

向左轉90度

注意在虛擬程式碼裡要重複的兩個指令是縮排的。

如何在Python使用迴圈

如果要重複固定的次數，我們會用**for**迴圈。在有**for**的描述式後面的程式碼要縮排，表示這是要重複的區塊（IDLE會自動縮排）。上方虛擬程式碼的Python程式碼如下：

```
for i in range (4):
    shelly.forward(100)
    shelly.left(90)
```

在上方的程式碼加入一個print函式，讓它顯示變數i並再次執行。程式碼會變成這樣：

```
for i in range(4):
    shelly.forward(100)
    shelly.left(90)
```

print(i) # 新增這一行

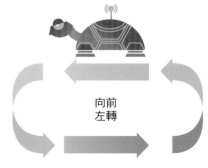

向前
左轉

重複此迴圈4次

這是迴圈裡的計數器變數，在這個範例裡叫 **i**，但也可以用任何變數名稱。

這是迴圈會重複的次數。計數器從0開始，會每次加1直到這個數字。

```
for i in range (4) :
    shelly.forward(100)
    shelly.left(90)
```

注意這行結尾的「:」。輸入後，下一行程式碼必須縮排，表示這是要重複的程式碼。

你會再次看到海龜在海龜圖視窗畫出正方形並在Python殼層顯示0、1、2和3，如下。

```
0
1
2
3
```

記得，這些例子裡變數稱為**i**，但你可以用任何變數名稱。

深入瞭解FOR迴圈

本章例子裡的for迴圈很簡單，用來重複固定的次數。如果要重複4次，就用**for i in range(4)**。**range(4)**裡的4是停止值；根據預設，起始值是0，因此i會取0、1、2和3這些值。

→ 可以變更起始值。例如**for i in range(1,5)**會從1開始數到5，因此i會取1、2、3和4這些值。

→ 你也可以變更增加的步數。
例如**for i in range(1,10,2)**會從1開始數，在10之前停止，每次增2步，因此i會取1、3、5、7和9這些值。

加上色彩

如果要在正方形填入色彩，必須呼叫函式**begin_fill**，並在畫出圖形前設定顏色，接著以**end_fill**函式結尾。

以下是畫出紅色正方形所需的完整程式碼。你可以在Python殼層一行一行輸入這些程式碼或在編輯器新增檔案並執行。

```
# 紅色正方形
import turtle
shelly = turtle.Turtle()
shelly.begin_fill() # 開始填入形狀
shelly.color('red') # 使用紅色
for i in range(4):
    shelly.forward(100)
    shelly.left(90)
shelly.end_fill() # 結束填入形狀
```

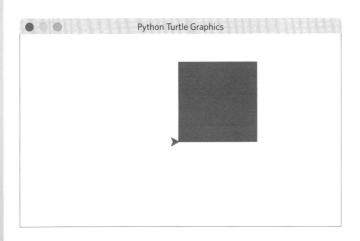

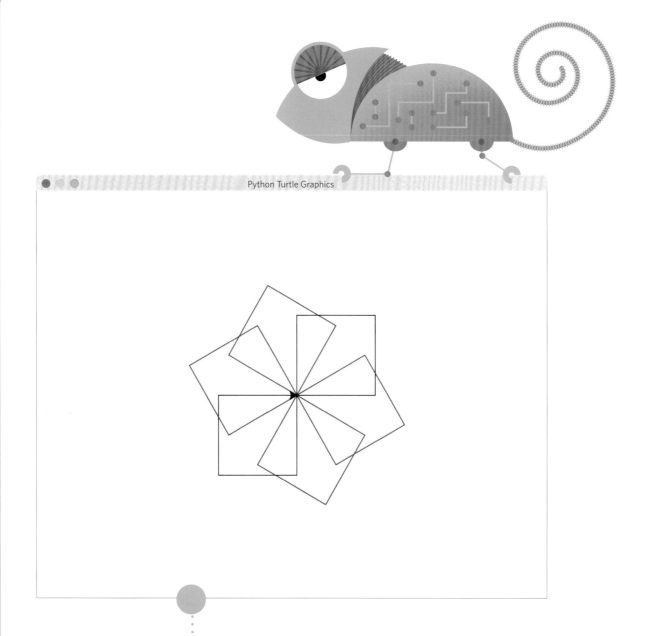

巢狀迴圈

看這個形狀。你能看出這是一系列的正方形,各旋轉一個角度嗎(其實是剛好60度)?如果要畫出這個圖,我們可以用以上的迴圈畫出正方形,接著重複迴圈六次,每次旋轉60度。我們要重複的東西本身也在重複。

如何迫使程式碼停止執行

如果程式碼在執行中，而你需要立即叫它停止，可以把滑鼠移動到Python殼層並輸入Control + C來中斷程式。如果發現在海龜圖程式犯了錯，而不想讓它畫完，就能用這招，或者像我們會在第3章學到的，建立一個無限迴圈後，程式永遠不會停止。

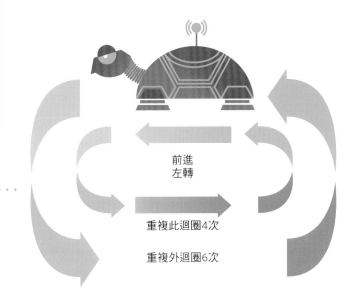

前進
左轉

重複此迴圈4次

重複外迴圈6次

這叫做「巢狀迴圈」（nested loop）：迴圈內有迴圈。

以下是畫出這個形狀的虛擬程式碼。可以看到畫正方形的迴圈在重複6次的迴圈裡面。

虛擬程式碼

以下重複6次：

以下重複4次：

前進100步

左轉90度

右轉60度

Python裡的巢狀迴圈

以上內容的程式碼是：

```python
# 外迴圈重複正方形6次
for n in range(6):
    # 內迴圈重複4次來畫正方形
    for i in range(4):
        shelly.forward(100)
        shelly.left(90)
    shelly.right(60) # 畫下一個正方形之前轉彎
```

嘗試變更以上程式碼的數字。如果外迴圈不是重複6次，而是變更成重複100次呢？還需要做什麼修改來讓正方形更密集？

在清單儲存資料

電腦可以把一套項目儲存在清單（list）。在本章，我們會把畫彩虹所需的色彩名稱儲存在名為colors的清單。清單是內含多個項目的一種特殊變數，讓我們可以一次存取一個。把清單想像成一個倉庫，裡面有一系列的箱子和櫃子。

電腦會把清單裡的項目從0開始編號。第一個項目就是清單裡的第0個項目。

為了取得每個顏色，電腦可以用索引或計數器來瀏覽清單，一次拉出一個項目。如果要把紅色儲存在名為colors的清單的第一個項目，電腦會把紅色指派到清單的第0個位置。如果要取得紅色，電腦就會存取清單的第0個項目。

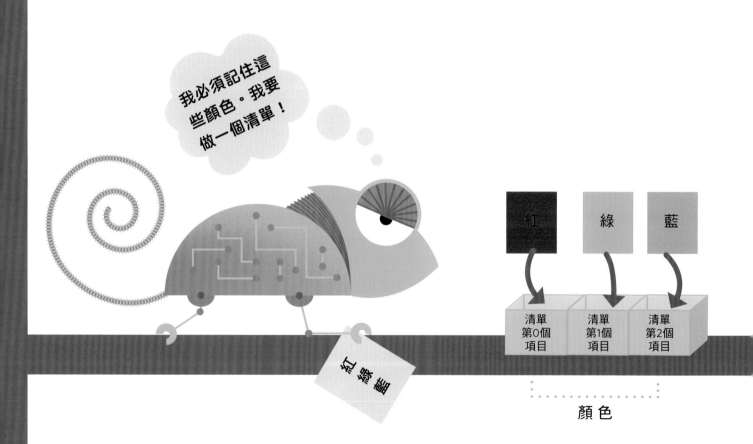

我必須記住這些顏色。我要做一個清單！

清單
第0個
項目

清單
第1個
項目

清單
第2個
項目

紅　綠　藍

顏色

如何在Python建立清單

建立清單的程式碼如下：

```
colors = ['red', 'green', 'blue']
```

注意清單是放在方括號裡面，以及每個項目（這個例子裡是色彩名稱）是以逗號分隔。因為每個色彩名稱都是一段文字，它們是寫在引號裡面。

Python裡的清單是從0開始編號，因此如果要存取紅色，就要取得清單裡第0個項目，用**colors[0]**來存取。把以下程式碼一行一行輸入Python殼層來試看看：

```
colors = ['red', 'green', 'blue']
colors[0]
colors[1]
```

接著會看到以下：

```
>>> colors = ['red', 'green', 'blue']
>>> colors[0]
'red'
>>> colors[1]
'green'
```

你可以從清單取顏色來變更海龜的顏色。例如如果要取得紅色，就使用：

```
shelly.color(colors[0])
```

如果要依序取得顏色，就要取得第0個、第1個、第2個顏色，以此類推，基本上就是對應迴圈中計數器的顏色。如果迴圈中的計數器是i，我們就用以下程式碼來取得第i個顏色。

```
shelly.color(colors[i])
```

輸入以下程式碼，就會看到三行，每行對應Python殼層顯示的一個顏色。

```
colors = ['red', 'green', 'blue']
for i in range(3):
        shelly.color(colors[i])
        shelly.forward(50)
        print(colors[i])
```

我們會在專題裡用這個概念來畫出彩虹圖案。

註：Python清單很強大，有很多用途。我們在第4章會更深入了解清單的使用。

專題
創作幾何藝術

第1步：劃出六角形

在任何海龜專題的開頭都要匯入海龜模組，這樣才能使用裡面的函式。你也要建立烏龜（參閱第38頁）。

建立一個名為Art.py的檔案，輸入以下程式碼並執行，確認出現海龜。在頂端加入一行註解來提醒自己這個專題是什麼。寫註解是程式設計的好習慣。

```
# 畫出幾何圖案
import turtle
shelly = turtle.Turtle()
```

現在我們來修改畫正方形的虛擬程式碼，變成畫六角形。邊的數量變成6，而轉彎的角度變成60度。

虛擬程式碼

以下重複6次：

> 前進100步
>
> 左轉60度

第1步結束時Python程式碼會長得像這樣：

```
# 畫出幾何圖案
import turtle
shelly = turtle.Turtle()
# 重複6次：前進並轉彎
for i in range(6) :
    shelly.forward(100)
    shelly.left(60)
```

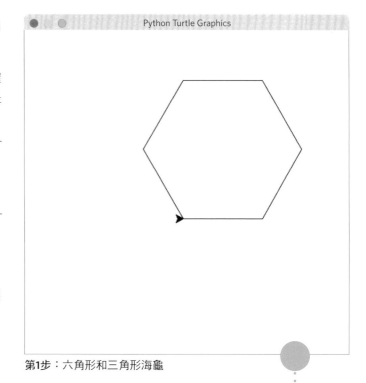

第1步：六角形和三角形海龜

第2步：用巢狀迴圈重複六角形

用迴圈畫出六角形後，就能把這個六角形程式碼放在另一個重複的迴圈裡面，畫出排成一個圓的多個六角形，各個稍微重疊。

修改第1步的虛擬程式碼，讓每個六角形相對於前一個六角形只旋轉10度。為了畫出一個圓，我們需要把這個動作做360 ÷ 10 = 36次（360是一個圓的總度數）。

虛擬程式碼

以下重複36次：

   以下重複6次：

      前進100步

      左轉60度

   右轉10度

第2步：巢狀迴圈六角形

你可以從前一個專題選取**for**迴圈程式碼，並按下Tab鍵來縮排（或在IDLE選取並按下Format（格式）>Indent Region（縮排區域））。

接著在頂端加入**for n in range(36):**，並在它的下方加入**shelly.right(10)**來處理虛擬程式碼的另一部分。

記得，#後面的註解是非必要的，只是用來向程式設計師說明程式碼的作用。

第2步結束時Python程式碼會長得像這樣：

```
# 畫出幾何圖案
import turtle
shelly = turtle.Turtle()
for n in range(36):
# 重複6次：前進並轉彎
  for i in range(6) :
      shelly.forward(100)
      shelly.left(60)
  shelly.right(10) # 加入轉彎
```

第3步：變更背景；加入彩虹顏色

我們可以加入色彩和背景來讓這個圖更有趣。以下是變更背景色彩的程式碼：

```
turtle.bgcolor('black') # 把背景變黑
```

在第44頁的主要概念裡我們看到電腦可以把相關的項目儲存在一個清單裡，例如顏色的清單。我們也看到如何用 **colors[0]** 取得清單的第一個項目、用 **colors[1]** 取得第二個項目等。我們可以用迴圈從第0個項目走到第1個項目，並顯示清單中所有顏色。for迴圈裡的「i」是個計數器，從0開始並在6前停止。**colors[i]** 可以取得清單中第i個項目。

要在六角形迴圈中加入的新程式碼是：

```
shelly.color(colors[i])
```

為了在圖中使用不同的顏色，我們需要修改程式碼，在回圈內變更海龜的顏色。以下是畫出這個彩虹圖案的最終程式碼：

```
# 畫出幾何彩虹圖案
import turtle
# 選擇六角形顏色順序
colors = ['red', 'yellow', 'blue', 'orange', \
'green', 'red']
shelly = turtle.Turtle()
turtle.bgcolor('black') # 把背景變黑
# 畫出36個六角形，各隔10度
for n in range(36):
# 重複6次來畫六角形
  for i in range(6):
      shelly.color(colors[i]) # 選擇i位置的顏色
      shelly.forward(100)
      shelly.left(60)
# 在畫下一個六角形前轉彎
  shelly.right(10)
```

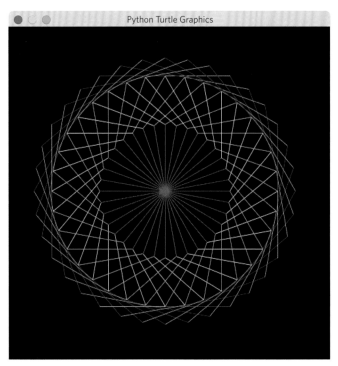

第3步：有背景和彩虹顏色的巢狀迴圈六角形

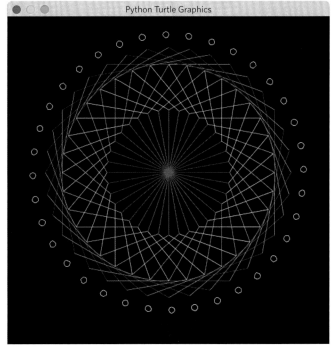

第4步：在圖案周圍加上小白圓圈

你也可以讓海龜去圖案的邊緣，畫一個小圓圈，回到中心點，然後重複，繞著圖案畫一圈。看著這個過程很有趣，還能為這個用程式碼很容易做，但用其他媒介就沒那麼簡單的藝術作品增添更多細節。

這一步示範的是讓海龜前進，再後退回到起點。因為有36個六角形，我們要畫36個對應的小圓圈；每次海龜回到中心點都要轉10度：36 x 10 = 360度，在圖案周圍繞成完整的圓。

把以下的程式碼加入第3步結尾的程式碼：

```python
# 準備畫36個圓
shelly.penup()
shelly.color('white')
# 重複36次來對應36個六角形
for i in range(36):
    shelly.forward(220)
    shelly.pendown()
    shelly.circle(5)
    shelly.penup()
    shelly.backward(220)
    shelly.right(10)
# 隱藏海龜，完成繪圖
shelly.hideturtle()
```

第4步：有背景、彩虹顏色和小白圓圈的巢狀迴圈六角形

更進一步
實驗和延伸

實驗1：畫出一排彩色正方形

從虛擬程式碼開始，試著畫出一排彩色正方形：

虛擬程式碼

以下重複6次：

　　從清單設定顏色

　　以下重複4次：

　　　　前進20

　　　　左轉90

　　提筆

　　前進30

　　下筆

隱藏海龜

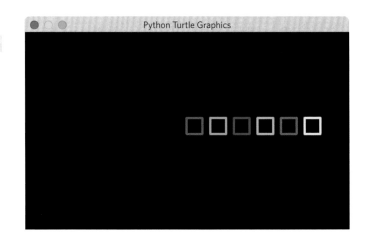

實驗3：用圓圈畫出綠色臉

你可以用各種圓圈畫出這個綠色臉嗎？為了幫你起頭，以下是畫一顆眼睛的程式碼：

```
shelly.goto(-30,100)
shelly.begin_fill()
shelly.color('white')
shelly.circle(30)
shelly.end_fill()
shelly.begin_fill()
shelly.color('black')
shelly.circle(20)
shelly.end_fill()
```

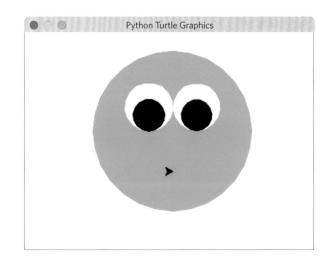

實驗2：用入門程式碼畫出房子

從以下的程式碼著手，它會畫出一個填滿的灰色正方形和一個填滿的紅色三角形：

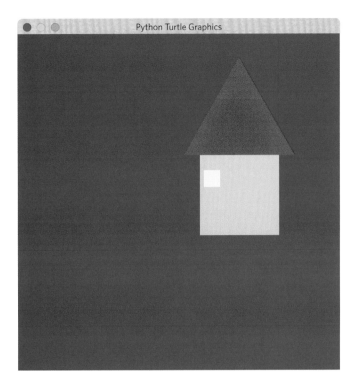

```python
# 畫房子
import turtle
turtle.bgcolor('blue')
shelly = turtle.Turtle()
# 畫出房子的第一個大正方形
shelly.begin_fill() # 開始填入顏色
shelly.color('gray')
for i in range(4):
    shelly.forward(100)
    shelly.left(90)
shelly.end_fill() # 停止填入顏色
shelly.penup()
shelly.goto(-20,100) # 把海龜移到下一個區域
shelly.pendown()
# 畫出紅色三角形屋頂
shelly.begin_fill() # 開始填滿屋頂
shelly.color('red')
shelly.left(60)
shelly.forward(140)
shelly.right(120)
shelly.forward(140)
shelly.right(120)
shelly.forward(140)
shelly.end_fill() # 停止填滿屋頂顏色
# 畫出窗戶
shelly.penup()
shelly.goto(25,80) # 移動到窗戶位置
shelly.pendown()
shelly.begin_fill() # 開始填滿窗戶顏色
shelly.color('yellow')
for i in range(4):
    shelly.forward(20)
    shelly.left(90)
shelly.end_fill() # 停止填滿窗戶顏色
# 完成後隱藏海龜
shelly.hideturtle()
```

實驗4：重疊圓圈

修改本章專題第2步結尾的程式碼來畫出不同的圖。參考以下：

虛擬程式碼

重複以下36次：

　　畫尺寸100的圓

　　右轉10度

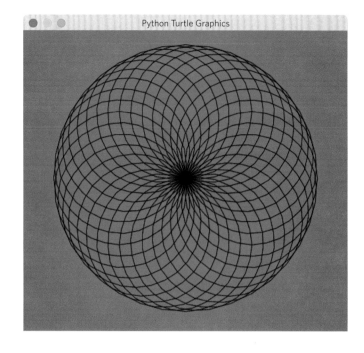

實驗5：圈中有圈

修改第4步結尾的程式碼來畫出多個繞圈的圓圈。參考以下：

虛擬程式碼

重複以下36次

　提筆

　前進200

　重複6次

　　下筆

　　畫尺寸5的圓

　　提筆

　　後退20

　返回中心點80

　右轉10度

隱藏海龜

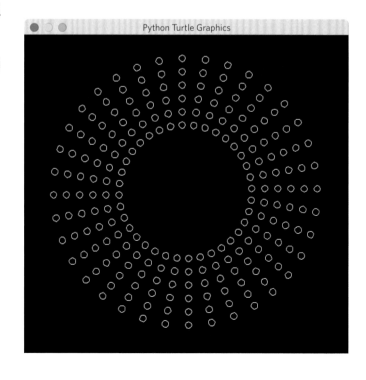

更多探索

你能畫出這些圖嗎？有些和本章的其他挑戰相關。

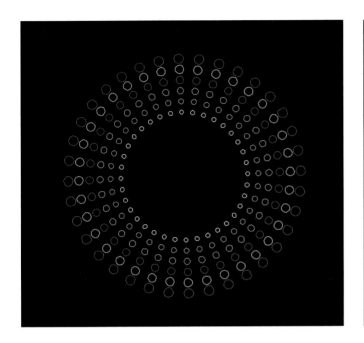

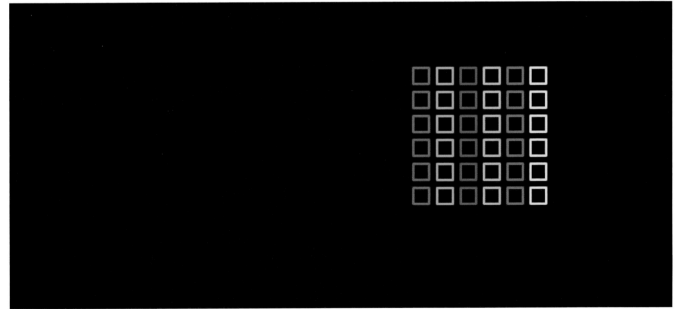

根據使用者
的選擇執行
程式碼。

重複作業，
直到準備好
退出。

3

運用創意，寫出自己的互動故事。

為親朋好友創作專屬的問答遊戲。

打造你的冒險遊戲

電腦懂得真與假

24是一個偶數。

學Python很簡單。

312小於123。

True.

True.

False.

電腦可以決定一個敘述式是True（真）或False（假）。例如「24是一個偶數」這個描述是true，但「25是一個偶數」就是False。

電腦會用這種True和False的值來決定要執行演算法的哪個部分（也就是哪個程式碼）。

在「序言」中，我們看過用鑽石型的方塊來代表決定。在這個例子裡，根據「R等於0」這段敘述是True或False，演算法會從兩個不同路徑擇一，並給予不同的回答。

布林值

我們把True（真）和False（假）稱為布林值（Boolean value），以英格蘭數學家喬治・布爾（George Boole）命名。他在1800年代中期所發明的布林代數是現代數位電腦邏輯的基礎。

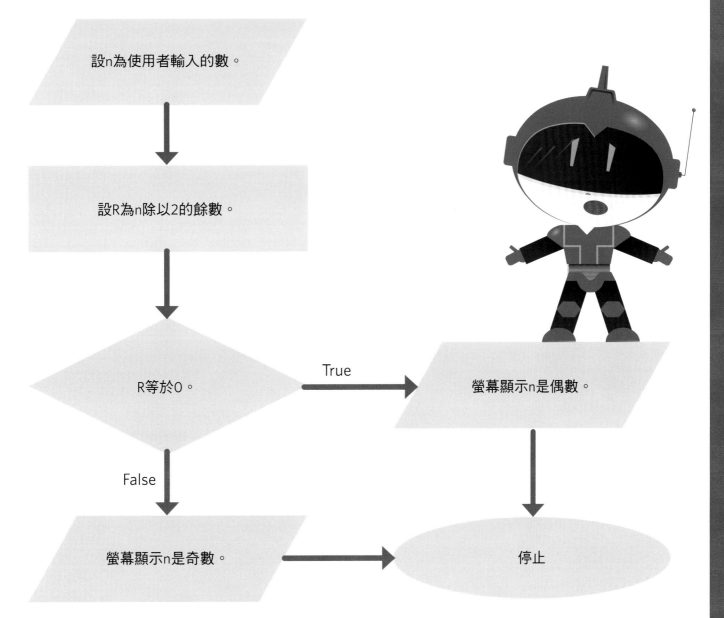

設n為使用者輸入的數。

設R為n除以2的餘數。

R等於0。

True

螢幕顯示n是偶數。

False

螢幕顯示n是奇數。

停止

比較Python裡的項目

我們用兩個等號（如下）來比較兩個項目。如果相同，則結果的值是True，反之則是False。

在Python殼層輸入以下程式碼試試看：

```
>>> player_score = 0 #這會把0放入變數player_score
>>> player_score == 0 #這會檢查player_score裡的值是否為0
```

因為player_score設為0，把它和0比較時，Python殼層會回傳**True**。

如果要檢查的資訊是文字（字串），則會區分大小寫。

在以下的例子裡，變數name儲存Z大寫的「Zoe」，並與z小寫的「zoe」比較。因為兩個不一樣，檢查後Python回傳**False**。

```
>>> name = 'Zoe' #將變數name設為值Zoe
>>> name == 'zoe'
False
>>>
```

我們也可以用其他比較運算元來檢查true和false。

以下是幾個範例。

```
>>> 5 > 2 #檢查5是否大於2
True
```

```
>>> 5 < 2 #檢查5是否小於2
False
```

```
>>> 5 != 3 #檢查5是否不等於3
True
```

```
>>> choice = 'yes'
>>> choice != 'quit' #檢查choice是否不等於quit
True
```

布林表示式

有True或False的值的任何敘述式都稱為「**布林表示式**」（Boolean expression）或「**條件式**」（condition）。

例如以下：

```
x < 2
choice == 'yes'
player_score > 100
```

電腦可以結合True和False

Take an umbrella.
帶雨傘。

在下雨。

AND

我有雨傘。

我們常將不同的條件式結合為新的條件式來幫助我們做決定。例如：我們需要檢查「在下雨」這個條件式AND（且）「我有雨傘」這個條件式，再決定出門要不要帶傘。我們用AND來結合兩個條件式：下雨和有傘。

電腦能用布林運算元（Boolean operator）來結合True或False的布林表示式，用來建立新的True或False布林表示式。

AND運算元

如果我們知道「在下雨」是True，AND（且）知道「我有雨傘」也是True，則我們知道出門時可以帶雨傘。

因此「帶雨傘」只有在「兩個」敘述式都為True時才為True。

OR運算元

如果我們知道「風大」是True，OR（或）知道「很冷」是True，則可以決定是否帶外套。如果冷、如果風大，或如果同時冷和風大，我們都會帶外套。

因此「帶外套」在這兩個敘述式任一或同時為True時為True。

NOT運算元

如果我們知道「外面溫暖」是False（NOT（非）True），則可以決定帶外套。

因此「帶外套」在「外面溫暖」為False時為True，即為「相反」。

在Python使用運算元

我們可以用AND運算元（且）來結合兩個布林表示式。

例如：若命數（儲存於變數**lives**）和遊戲剩餘時間（儲存於變數**game_time**）皆大於0，則遊戲可繼續。

```
>>> lives > 0 and game_time > 0
# 遊戲只有在有剩餘的命和時間時可以繼續
```

我們也可以用**OR**運算元（或）來結合兩個布林表示式。

例如：若命數（儲存於變數lives）等於0或無剩餘時間，即遊戲剩餘時間（儲存於變數game_time）等於0，則遊戲必須結束。

```
>>> lives == 0 or game_time == 0
# 若無剩餘命或無剩餘時間，則遊戲結束
```

我們用NOT運算元（!）來取得相反值。

```
>>> choice != '退出'  # 使用者不想退出
>>> not(player_score == 0)  # 若player_score非0，則此式為true
```

T大寫的TRUE

True和False在Python裡被視為布林值，且區分大小寫。在Python殼層輸入以下程式碼試試看：

```
>>> True and True
>>> true or true
```

第二個表示式會產生錯誤，因為「true」不是布林值；它被視為尚未被指派任何值的變數。

以條件式為基礎的程式碼

我們會根據一件事的True或False來做決定和執行不同動作。

舉例來說，思考這個在早餐時間可能要做的決定：若冰箱有雞蛋，且我有時間（二者皆為True），則我會煎蛋當早餐，接著坐下來吃。否則，我會帶一根穀麥棒路上吃。根據這個條件的True或False，你會做不同的動作。

同樣的道理，電腦會根據「**條件式**」（有True或False值的布林表示式）來執行程式碼。若條件式的值為True，則執行一組程式碼敘述式（「if」程式碼區塊）；否則執行另一組（「else」程式碼區塊）。這種敘述式稱為「**條件敘述式**」（conditional statement）或「**if-else敘述式**」。

用流程圖來看，早餐的範例如同以下：

if程式碼區塊…True

else程式碼區塊…False

?

煎蛋？

做即食燕麥？

帶穀麥棒出門？

冰箱有雞蛋AND我有時間。

True 做煎蛋。烤吐司。吃蛋和吐司當早餐。

False

從廚房櫃子拿穀麥棒。把穀麥棒放進包包，之後吃。

在Python使用條件敘述式

為了根據條件來執行程式碼，我們要用「if敘述式」，又稱為「條件敘述式」。若條件式為true，它會執行if區塊裡的那組敘述式；否則會執行else區塊裡的敘述式（else區塊非必要）。

If-Else條件敘述式

在Python殼層輸入以下程式碼試試看：

```
>>> raining = True
>>> if raining:
    print('外面濕濕的')
    print('穿雨鞋')
    print('帶雨傘')
```

```
外面濕濕的
穿雨鞋
帶雨傘
>>>
```

再次執行以上的程式碼，但把raining改設為False。

什麼都不會顯示。

以下的範例是向使用者詢問當天星期幾，並根據星期幾來設定alarm變數並顯示訊息在範例裡，使用者輸入星期一，所以顯示「起床準備上班」的訊息。

```
>>> day = input('輸入星期幾')
輸入星期幾
>>> if day == '星期六' or day == '星期天':
    alarm = 'OFF'
    print('今天周末，睡晚一點！')
else:
    alarm = 'ON'
    print('起床準備上班')
起床準備上班
```

縮排程式碼

在條件敘述式輸入冒號後，後面的每一行都要縮排（indention）來表示這是要執行的程式碼區塊。

Python對縮排很挑剔；屬於區塊的每一行程式碼都要有相同的縮排距離。這方面最好讓IDLE編輯器來幫忙，不要自己按空白鍵或Tab。

巢狀條件式

我們常會在第一個條件之後看另一個條件，再做進一步決定。在沒有雞蛋或沒有時間做煎蛋的時候，我們看有沒有時間準備麥片。if-else敘述式裡面還可以再放一個if-else敘述式。

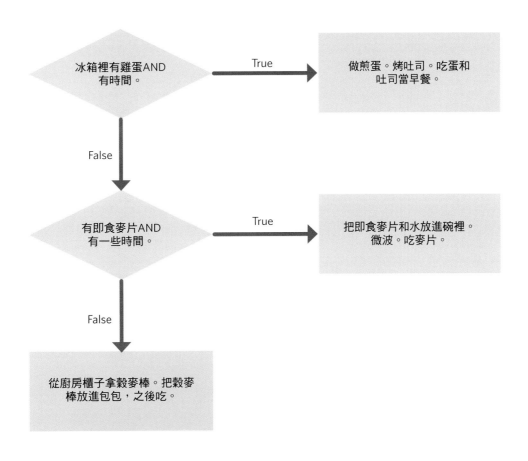

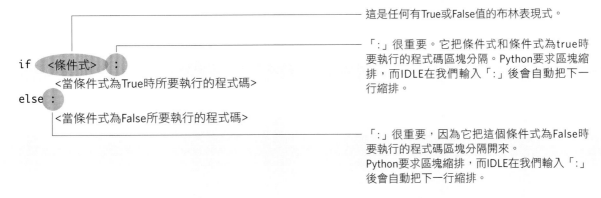

```
if  <條件式> :
        <當條件式為True時所要執行的程式碼>
else :
        <當條件式為False所要執行的程式碼>
```

這是任何有True或False值的布林表現式。

「:」很重要。它把條件式和條件式為true時要執行的程式碼區塊分隔。Python要求區塊縮排，而IDLE在我們輸入「:」後會自動把下一行縮排。

「:」很重要，因為它把這個條件式為False時要執行的程式碼區塊分隔開來。
Python要求區塊縮排，而IDLE在我們輸入「:」後會自動把下一行縮排。

巢狀條件式

以下是一個簡單的猜數字遊戲，你可以試著建立一個名為guessNumber.py的檔案並輸入以下程式碼。在這個例子裡，程式碼的else區塊裡有一個if-else敘述式；若使用者輸入的數不等於祕密數，則它會看這個數太低或太高，並給使用者適當的訊息。

```python
# 猜數字遊戲
secret_number = 87
n = input('猜1和100之間的祕密數')
n = int(n) # 將使用者輸入轉換為整數
if n == secret_number:
    print('猜對了！')
else:
    # 不等於secret_number，因此檢查太低或太高
    if n > secret_number:
        print('你猜得太高了')
    else:
        print('你猜得太低了')
print('感謝參與') # 所有情況皆以此作結
```

Elif敘述式

當一個問題需要在多個條件式使用不同的程式碼區塊，可以使用Python的**elif**結構來取代多重巢狀條件式。

在以下的例子裡，有一組程式碼在星期一和星期三執行、一組在星期二和星期四執行、一組在星期五執行，還有最後一組在星期六和星期天執行。將以下程式碼輸入名為week.py的新檔案。

```
# 星期程式
day = input('輸入星期幾：')
if day == '星期一' or day == '星期三':
    alarm = '7.30am'
    carpool = True
    coding_class = True
    gym = False
elif day == '星期二' or day == '星期四':
    alarm = '7.30am'
    carpool = False
    coding_class = False
    gym = True
elif day == '星期五':
    alarm = '6.30am'
    carpool = True
    coding_class = False
    gym = False
else:
    alarm = 'OFF'
    carpool = False
    coding_class = False
    gym = True
print(alarm, carpool, coding_class, gym)
```

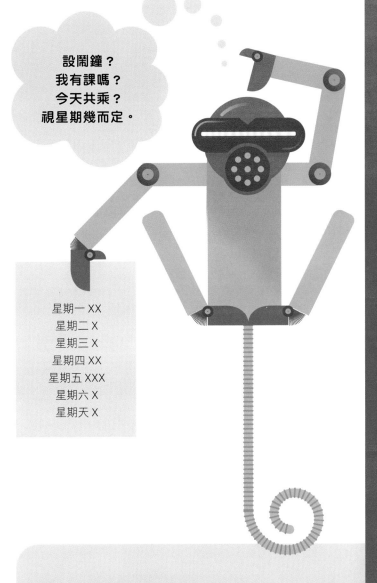

設鬧鐘？
我有課嗎？
今天共乘？
視星期幾而定。

星期一 XX
星期二 X
星期三 X
星期四 XX
星期五 XXX
星期六 X
星期天 X

布林運算元需要布林值

使用布林運算元時的一個常犯錯誤是沒有搭配布林值。

day == '星期一' or '星期三' 是錯的，因為第一個部分day == '星期一' 是布林值，但'星期三' 是字串，不是布林值。所有部分都必須是布林值。正確的寫法是：day == '星期一' or day == '星期三'

電腦可以根據條件式執行迴圈

太高

太低

Guess the number?

猜數字？

83?

27?

只要條件式維持True，電腦就可以執行迴圈（重複執行一組程式碼）。這叫做「**條件迴圈**」（conditional loop）。

和第2章用來執行程式碼固定次數的for迴圈不同，這種迴圈是用在程式碼要執行的切確次數未知的時候。只要條件式維持True，它就會一直執行。

舉例來說，在第64頁的猜數字遊戲，我們可以在使用者猜到數字之前一直持續玩。我們不指定固定的嘗試次數（執行迴圈的固定次數），而是讓程式碼一直執行，直到猜到數字。在不知道要重複多少次時，就使用這種迴圈。在這個例子哩，我們不知道使用者需要幾次才會猜到數字。

右邊的流程圖裡有一個迴圈，可以看到有返回的路線。迴圈頂端的決定方塊是條件迴圈中要檢查的條件式。

在Python使用條件迴圈

在Python，條件迴圈可以用while敘述式來建立。

以下是流程圖的程式碼。把它輸入到名為guessNumberVersion2.py的新檔案。

這是任何有True或False值的布林表現式。

「:」很重要。它能分隔條件式和條件式為true時要執行的程式碼區塊。Python要求區塊縮排，而IDLE在我們輸入「:」後會自動把下一行縮排。

```
while <條件式> :
    <當條件式為true時所要執行的程式碼>
```

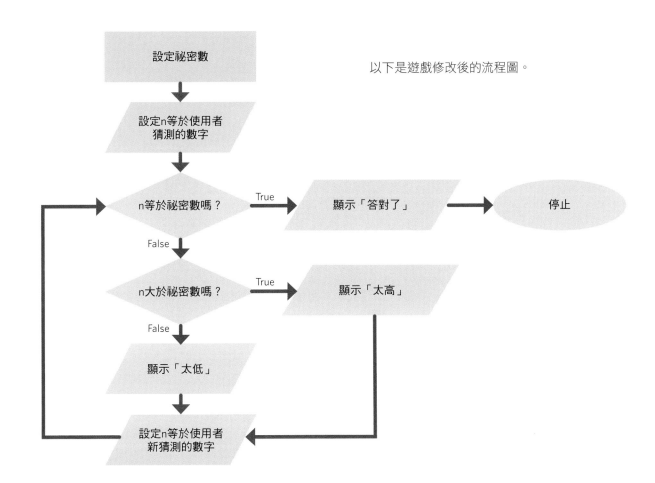

以下是遊戲修改後的流程圖。

流程圖節點：
- 設定祕密數
- 設定n等於使用者猜測的數字
- n等於祕密數嗎？ → True → 顯示「答對了」→ 停止
- False → n大於祕密數嗎？ → True → 顯示「太高」
- False → 顯示「太低」
- 設定n等於使用者新猜測的數字

```
# 猜數字遊戲版本2
secret_number = 87
n = input('猜1和100之間的祕密數')
n = int(n) # 將使用者輸入轉換為整數

while not (n == secret_number):
    # 不等於secret_number，因此檢查太低或太高
    if n > secret_number:
        print('你猜得太高')
    else:
        print('你猜得太低')
    # 請使用者再猜一次
    n = input('再猜一個1和100之間的數')
    n = int(n) # 將使用者輸入轉換為整數
print('你猜對了！')
```

執行範例

猜1和100之間的祕密數 89
你猜得太高
再猜一個1和100之間的數 12
你猜得太低
再猜一個1和100之間的數 29
你猜得太低
再猜一個1和100之間的數 99
你猜得太高
再猜一個1和100之間的數 87
你猜對了！

用while迴圈迫使使用者輸入

while迴圈可以用來迫使使用者提供特定輸入。舉例來説,如果只接受「是」和
「否」的選項,while迴圈可以在輸入不同東西時執行程式碼來持續要求使用者
再次輸入。

```
# while迴圈確認特定輸入:是或否
choice = input('輸入是或否:')
while not(choice == '是' or choice == '否'):
    choice = input('輸入是或否:')
# 結束while迴圈;輸入為有效時執行這裡的程式碼
```

條件迴圈的結構

所有條件迴圈都是這個形式:

虛擬程式碼

　設定初始條件
　條件為True時:
　　程式碼每次在迴圈內執行
　　變更條件

在猜數字遊戲的例子裡,我們把初始條件設為使用者的
第一個猜測。我們檢查的條件是猜測是否等於祕密數。
我們每次執行的程式碼會顯示太低或太高,最後,變更
條件式讓使用者輸入新的數,這樣要檢查的條件式也會
變更。如果不變更條件式,不給使用者再猜一次的機會
會怎樣呢?

專題
打造冒險遊戲

這個例子屬於一種熱門的文字冒險遊戲，又稱為「**互動故事**」（interactive fiction）。使用者在遊戲過程中做決定、收集物品，或回答問題。這是個練習條件式（if敘述式）和巢狀條件式的好機會。

故事線：使用者在山中健行，聽到一個聲音。她迷路，必須做決定來安全回家並把遊戲破關。

這只是範例，你可以把它變成自己的冒險遊戲，擴充物品、選擇和角色。用這個概念打造更複雜的冒險遊戲是練習Python程式設計技巧的好方法。

用流程圖可以讓這個專題更容易規劃和設計程式，每一步都根據流程圖來加入程式碼。每一步完成後都要執行程式碼來確認沒有問題。

遊戲執行範例

歡迎來到聖塔克魯茲山上冒險遊戲
****
你現在在加州聖塔克魯茲。你在傍晚一個人爬山。
你可以帶一項物品上路：
地圖（m）、手電筒（f）、巧克力（c）、繩子（r）或棒子（s）：
你選哪個？：c
你聽到嗡嗡聲。
要尋找聲音來源嗎？輸入y或n：n
好主意。你沒有冒險。
你開始走回起點。
你發現自己迷路了！
身後的聲音愈來愈大。你開始驚慌！
要開始跑（r）或停下來打電話（c）？：c
電話不通。
要跑（r）或再打一次（c）？：c
電話不通。
要跑（r）或再打一次（c）？：r
你跑很快。聲音變很大。
一個女人騎電動機車從後面接近你。
她問：「我最喜歡的電腦程式語言是什麼？」：PYTHON
她說：「沒錯，Python是我最喜歡的程式語言。如果你有巧克力，我可以幫你。」
幸運的是，你當初選對了！
你把巧克力給她。
她幫助你回家。
恭喜！你成功脫身。你破關了。

錯誤檢查

注意，剛開始的幾個步驟沒有錯誤檢查。我們假設使用者會在遊戲的每個步驟輸入正確的內容。如此簡化了程式碼，因為不用檢查每個輸入的正確性。在第4步，你會看到檢查錯誤的幾個推薦方法。

第1步：加入簡介並要使用者做決定

為這個專題開一個新檔案，可以命名為AdventureGame.py。用print敘述式在遊戲中加入簡介，並用input讓使用者選一個帶上冒險旅程的物品。

接著用if敘述式呈現第一個選擇並往不同路線前進。這個步驟請參考以下的流程圖。

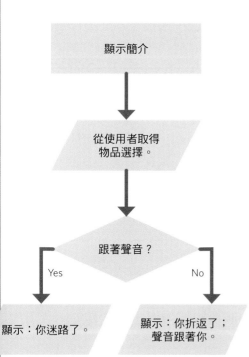

以下是這個步驟的程式碼。

```
# 冒險遊戲
print('歡迎來到聖塔克魯茲山上冒險遊戲！')
print('************************************************')
print('你現在在加州聖塔克魯茲。')
print('你在傍晚一個人爬山。')
print('你可以帶一項物品上路：')
print('地圖（m）、手電筒（f）、巧克力（c）、繩子（r）或棒子（s）：')
item = input('你選哪個？：')
print('你聽到嗡嗡聲。')
choice1 = input('要尋找聲音來源嗎？輸入y或n：')
if choice1 == 'y':
    print('你向聲音接近。')
    print('聲音突然停止。')
    print('你迷路了！ ... ')
    print('你嘗試打電話，但沒訊號！')
else:
    print('好主意。你沒有冒險。')
    print('你開始走回起點。')
    print('你發現自己迷路了！')
    print('身後的聲音愈來愈大。你開始驚慌！')
```

第2步：加入迴圈

建立了兩種可能性後，我們要加入更多程式碼來延伸故事。在這個步驟，我們要擴充else的區塊（使用者往回走；聲音愈來愈大）。

我們讓使用者選擇跑或打電話求救，但透過while迴圈，只有在使用者選擇跑的時候才能繼續。

參考下方這個while迴圈的流程圖。

在第1步的else區塊後面，也就是以下這行的後面：

```
print('身後的聲音愈來愈大。你開始驚慌！')
```

加入以下程式碼：

```
action = input('要開始跑（r）或停下來打電話（c）？：')
while action == 'c':
    print('電話不通。')
    action = input('要跑（r）或再打一次（c）？：')
print('你在快跑，接著聲音變很大。')
```

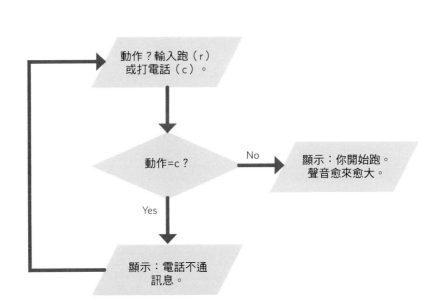

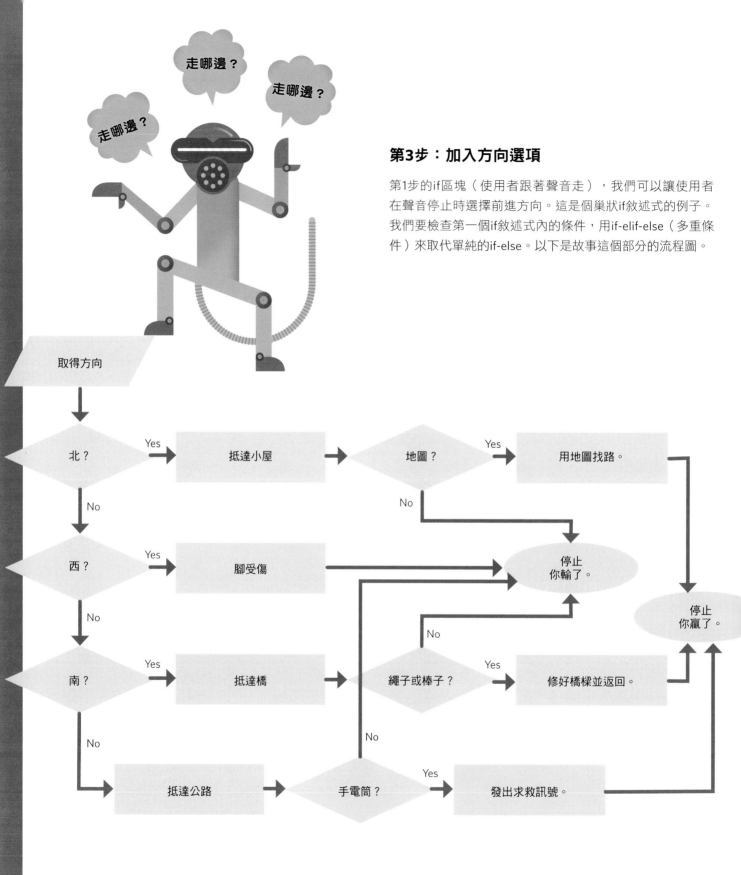

第3步：加入方向選項

第1步的if區塊（使用者跟著聲音走），我們可以讓使用者在聲音停止時選擇前進方向。這是個巢狀if敘述式的例子。我們要檢查第一個if敘述式內的條件，用if-elif-else（多重條件）來取代單純的if-else。以下是故事這個部分的流程圖。

在第1步的if區塊後面，也就是以下這行的後面：

```
print('你嘗試打電話，但沒有訊號！')
```

加入以下程式碼：

```
direction = input('你要往哪個方向前進？北、南、東或西：')
if direction == '北':
    print('你抵達廢棄小屋。')
    if item == 'm':
        print('你用地圖找到回家的路。')
        print('恭喜！你破關了。')
    else:
        print('如果你有地圖，就能找到從這裡回家的路。')
        print('---你還是在迷路。你輸了。---')
elif direction == '南':
    print('你抵達有斷橋的河流。')
    if item == 'r' or item == 's':
        print('你選了可以修好橋樑的物品。')
        print('你修好橋樑、過橋，並找到回家的路')
        print('恭喜！你破關了。')
    else:
        print('如果你有繩子或棒子，就能修好橋樑。')
        print('---你還是在迷路。你輸了。---')
elif direction == '西':
    print('你走路時被傾倒樹木絆倒。')
    print('你的腳受傷。你坐下等待救援。')
    print('這可能要花很久時間。你還是在迷路。')
    print('---你輸了。---')
else:
    print('你抵達公路邊。很暗。')
    if item == 'f':
        print('你用手電筒發出訊號。')
        print('一輛車停下來，載你回家。你輸了。')
        print('恭喜！你安全脫身。你破關了。')
    else:
        print('如果你有手電筒，就能發出求救訊號。')
        print('---你還是在迷路。你輸了。--')
```

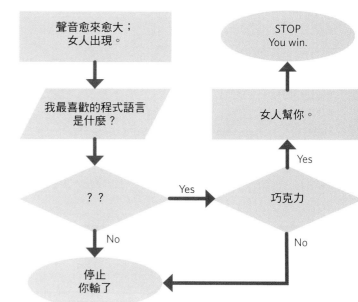

第4步：讓使用者回答問題來決定下一個動作

加入使用者必須正確回答的謎題或問題來判斷下一個動作。加入在第2步的程式碼之後，也就是使用者開始快跑之後。

在這個while迴圈的這行後面，也就是開始快跑時：

```python
print('你在快跑，接著聲音變很大')
```

加入這些程式碼：

```python
print('一個女人騎電動機車從後面接近你。')
answer = input('她說：「我最喜歡的電腦程式語言是什麼？」: ')
if answer == 'python':
    print('她說：「沒錯，Python是我最喜歡的程式語言。」')
    print('「如果你有巧克力，我就能幫你。」')
    if item == 'c':
        print('很幸運地，你選對了！')
        print('你把巧克力給她。')
        print('她幫助你回家。')
        print('恭喜！你安全脫身。你破關了。')
    else:
        print('你當初應該選巧克力才對！')
        print('她騎走，留下孤單、迷路的你。')
        print('你輸了。')
else:
    print('她不喜歡你的回答。')
    print('她騎走，留下迷路的你！')
    print('你輸了。')
```

第5步：改善使用者輸入並加入錯誤檢查

已經有堪用的遊戲之後，我們可以來做一些改進。

我們可以改善使用者輸入「python」的步驟，讓使用者能輸入大寫、小寫和大小寫混合，即「Python」、「python」或「PYTHON」。

方法之一是檢查每個可能的使用者輸入，這時我們可以把這部分：

```
if answer == 'python':
```

改成：

```
if answer == 'python' or answer == 'Python' or answer == 'PYTHON':
```

這樣可以達到目的，但看起來重複很多。另一個方法是把使用者的回答轉換成小寫，然後只檢查小寫。幸運的是，這在Python很容易做到。我們可以把lower方法用在任何字串來轉換成小寫，如下：

```
if answer.lower() == 'python':
```

我們也可以加入一些基礎的錯誤檢查。根據我們在前一個段落學到的，可以加入while迴圈並迫使使用者在沒有輸入正確答案時重試。在要求使用者做第一個y/n選擇時，可以檢查使用者是否確實輸入兩者之一。如果輸入有效，則布林條件式（choice1 == 'y' or choice1 == 'n'）必須為true。如果這個條件式不是true，就要重試，因此我們在這個while迴圈的開頭使用not (choice1 == 'y' or choice1 == 'n')。這個段落的新程式碼如下：

```
choice1 = input('要尋找聲音嗎？輸入y或n：')
while not (choice1 == 'y' or choice1 == 'n'):
    choice1 = input('輸入無效。輸入y或n：')
```

程式設計訣竅

進行任何程式設計專題的最好方式都是一步一步推進；不要一次寫太多程式碼。一個段落運作沒問題之後，隨時可以回來修改，讓它運作更順利。

操縱文字

除了lower()函式，Python還有很多其他可以操縱文字（字串）的強大方法。找出這些方法的做法之一是輸入字串和「.」，等Python IDLE編輯器自動填入可能的選項。參考本書最後的「更進一步」段落來進一步認識這個做法。

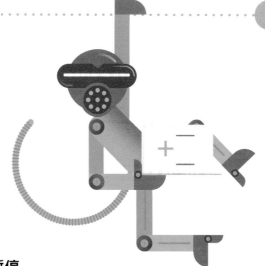

第6步：在故事中加入暫停

為了讓遊戲更順暢，我們可以加入暫停來減緩輸出。這樣讓使用者有時間閱讀，也增加戲劇張力。舉例來說。在遊戲開頭，告訴使用者他迷路了之前，可以先停頓幾秒再繼續。

我們用sleep函式來插入這種暫停，它是另一個Python模組（time模組）的一部分。在檔案的頂端插入以下這行來使用暫停：

```
import time
```

接著在任何想要暫停的地方輸入以下程式碼。括號裡的數是秒數。如果要暫停3秒，就用：

```
time.sleep(3)
```

嘗試把第1步的程式碼改成：

```
if choice1 == 'y':
    print('你持續接近聲音。')
    print('聲音突然停止。')
    time.sleep(3) #在這裡暫停3秒讓使用者閱讀
    print('你現在迷路了！... ')
    time.sleep(3) #加入3秒的戲劇性暫停
    print('你嘗試打電話，但沒訊號！')
```

第7步：擴充遊戲，讓它更好

有很多方法可以大大提升這個遊戲。以下是幾個例子：

❶ 把故事的文字換成更精采的故事。

❷ 在開頭替換或加入更多可選的物品。

❸ 替換或加入更多女人問的問題和產生的動作。

❹ 加入更多問題和可收集的物品，讓謎題更豐富。

❺ 加入更多錯誤檢查；檢查是否所有輸入皆有效。

❻ 加入更多使用者回應方式；在y或n之外也可以允許是和否。

❼ 加入在不同關卡會變化的能量變數。

❽ 用sleep函式加入更多暫停，讓遊戲更順暢。

❾ 加入一些文字圖片，讓輸入更美觀。

在故事中加入更多複雜性和決策可以讓它更精采。

用各種想法來盡可能擴充遊戲。

你只需要創意和更多Python程式碼！

更進一步

實驗與延伸

....

實驗1：密碼檢查器

建立一個密碼檢查程式，讓使用者不斷嘗試，直到答對為止。用任何密碼來測試你的程式。

虛擬程式碼

從使用者取得密碼

密碼錯誤時

　　顯示錯誤

　　從使用者取得密碼

顯示正確

執行範例

輸入密碼：python17

抱歉，密碼錯誤

再次輸入密碼：lab28!

抱歉，密碼錯誤

再次輸入密碼：secret987

成功：密碼正確

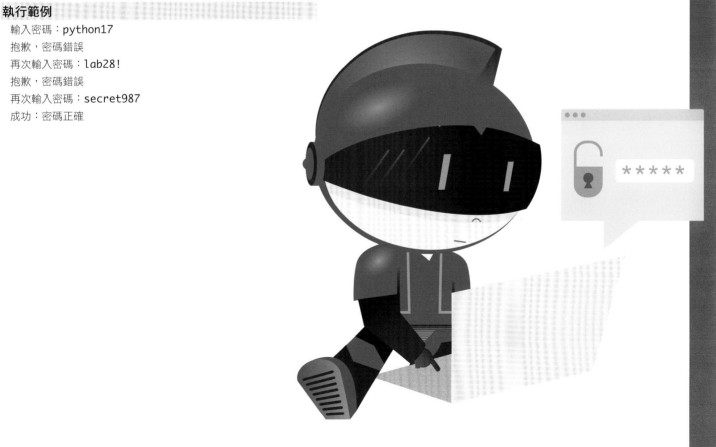

實驗2：貓狗對人類年齡換算器

很多人會把狗的年齡乘以7來換算成人類年齡。更精確的貓狗對人類年齡換算如下。

狗：

■ 狗1歲 = 人類12歲

■ 狗2歲 = 人類24歲

■ 之後每年加四年。

因此狗6歲等於人類40歲。

貓：

■ 貓1歲 = 人類15歲

■ 貓2歲 = 人類24歲

■ 之後每年加四年。

因此狗4歲等於人類32歲。

根據這個資訊，寫一個程式來問使用者寵物是狗或貓，接著問目前年齡，並顯示寵物的對等人類年齡。

執行範例

輸入狗或貓：貓

輸入寵物年齡：4

貓的對等人類年齡是 32 歲

實驗3：問答遊戲

寫一個程式來問使用者固定數目的任何主題問題，並根據答對題數來給分數。
用一個清單儲存問題，再用另一個清單儲存對應答案。

虛擬程式碼

設分數為0
設n為清單中問題數量
以下重複n次
    從清單顯示問題
    從使用者取得答案
    若答案正確
        顯示正確
        分數增加1
    否則
        顯示錯誤
        顯示正確答案
顯示分數。

兩個問題的執行範例

祕魯的首都是什麼：利馬
答對了
最長的河流是什麼：尼羅河
答錯了
正確答案是亞馬遜河
你的分數是 1

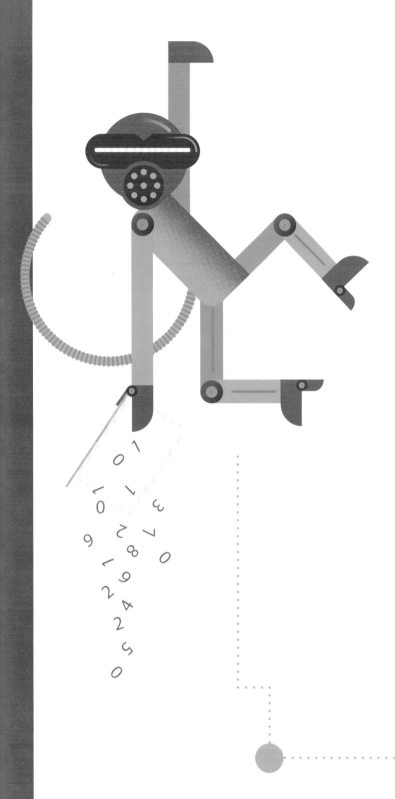

實驗4：列出任何數字的倍數

從0開始顯示使用者所選擇數字的倍數。例如，如果使用者想用7來數，就顯示0、7、14、21、28，以此類推，直到使用者按下退出。

虛擬程式碼

從使用者取得每多少數一次
設n為0
取得使用者選擇：退出與否
使用者選擇不是離開時執行以下
    顯示n
    把n增加一次要數的數
    取得使用者選擇：退出與否

執行範例

輸入一次要數的數：7
輸入return繼續或q退出：
0
輸入return繼續或q退出：
7
輸入return繼續或q退出：
14
輸入return繼續或q退出：
21
輸入return繼續或q退出：
28
輸入return繼續或q退出：
35
輸入return繼續或q退出：
42
輸入return繼續或q退出：q

實驗5：擴充聊天機器人

用條件敘述式來改進第1章的聊天機器人。

例如根據使用者開心、傷心、無聊等心情做適當回應。

執行範例

你今天心情如何？：傷心
很遺憾聽到你 傷心 。你為什麼有這樣的感覺？：

製造讓朋友驚喜
的詩歌。

為電腦遊戲打
造智慧策略。

創作每次執行
程式都有變化
的藝術作品。

4

運用創意,打造自
己的機率遊戲。

建立自己的函式，
以強大的方式重複
使用程式碼。

打造你的
骰子遊戲

邀朋友來挑戰自
製的文字遊戲。

主要概念
建立自訂函式
....

我們已經認識很多內建的Python函式，包括print、input，當然還有海龜的函式。現在我們要學怎麼寫自己的函式。

函式讓我們可以命名某個區塊的程式碼，接著用這個名稱來重複使用這些程式碼。

我們在第2章寫來用海龜畫正方形的程式碼，就是個簡單的例子。如果把這段程式碼命名為square，我們（和任何用我們的程式碼的人）就能隨時呼叫這個名稱來畫正方形。

使用自己的函式有兩個階段：

❶ **定義函式**：把這個部分想成教電腦學一個新的詞。在上面的例子裡，我們教電腦用畫出正方形來回應square這個詞。

❷ **呼叫函式**：把這個部分想成使用自己創造的新詞。

除了讓重複使用程式碼更容易，函式還能讓我們整理程式碼並與他人分享。

在Python使用函式的方式

在Python裡，函式是用關鍵字def、函式名稱、括號內的「參數」（parameter）（函式所抓取的資訊），和分隔下方縮排的程式碼區塊的冒號所構成。同樣地，IDLE會自動縮排「:」後面的任何程式碼。

讓我們來看用海龜畫正方形的範例。我們在第2章看過以下的程式碼：

```
import turtle
shelly = turtle.Turtle()

for i in range(4):
    shelly.forward(100)
    shelly.left(90)
```

我們可以用關鍵字def把畫正方形的程式碼命名為square。接著就可以用square()來多次呼叫它，畫出好幾個正方形。

這是函式的名稱。

這是要提供給函式的資訊，可以是0或是更多參數。如果有超過1個以上的參數，會以逗號分開。

「:」很重要，因為它會把下方必須縮排的程式碼區塊（該函式的程式碼）分隔開來。IDLE在我們輸入「:」後會自動把下一行縮排。

建立一個名為myfunctions1.py的新檔案，並輸入以下程式碼來嘗試：

```python
# 我的函式

import turtle
shelly = turtle.Turtle()

# square函式產生尺寸100的正方形
def square():
    for i in range(4):
        shelly.forward(100) # 正方形的每邊是100
        shelly.left(90)

square() # 呼叫函式
shelly.forward(100) # 前進
square() # 呼叫這個函式來畫另一個正方形
shelly.forward(100) # 前進
square() # 再次呼叫這個函式來畫另一個正方形
```

如同在上面的程式碼看到的，我們不用每次畫三個正方形都把每行程式碼寫出來。如此程式碼更整齊易讀，並且可以輕鬆多次重複使用這段程式碼來畫正方形。

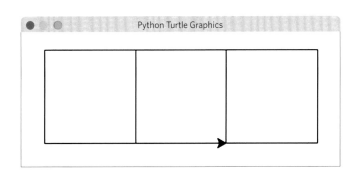

有參數的函式

在前一頁的正方形函式裡，我們沒有放參數；它沒有取任何資訊。它每次都會畫出尺寸100的正方形。我們可以加入一個尺寸的參數，讓它有畫出任何尺寸正方形的彈性。把前一個專題的程式碼複製到名為myfunctions2.py的新檔案，並修改正方形函式讓它以尺寸為參數。參見下方程式碼。這個例子裡的參數名稱是**s**，但你可以用任何名稱。在函式的程式碼裡面，用**s**取代固定的數字100，讓它以收到的參數作為尺寸來畫出正方形。現在要畫正方形的話，必須輸入所需的尺寸作為參數，例如：square(100)會畫出尺寸100的正方形、square(200)會畫出尺寸200的正方形。

參數能讓正方形函式更有彈性，也更強大，因為同樣的程式碼有了很多使用方式。

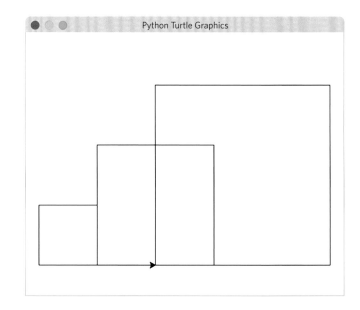

```python
# 有參數的函式

import turtle
shelly = turtle.Turtle()

# 正方形函式能畫出任何尺寸的正方形
def square(s):
    for i in range(4):
        shelly.forward(s) # 正方形每邊為變數s
        shelly.left(90)

square(100) # 呼叫尺寸100正方形的函式
shelly.forward(100) # 前進
square(200) # 呼叫尺寸200正方形的函式
shelly.forward(100) # 前進
square(300) # 呼叫尺寸300正方形的函式
```

這個正方形函式可以用在任何能用Python函式的地方，例如：可以在for迴圈裡使用。以下程式碼會畫出什麼呢？

```python
for i in range(25):
    square(i)
    shelly.forward(i)
```

有回傳值的函式

有時候函式會回傳能用在程式碼其他地方的值。例如：我們可以建立一個函式
來抓取清單裡的分數並回傳平均值。在名為myfunctions3.py的新檔案中輸入並執
行以下程式碼：

```python
# 會回傳數值的函式
# 定義一個函式來算清單的平均值
def average(myList):
    total = sum(myList) # 使用Python清單的sum函式
    average = total / len(myList) # len提供項目數量
    return average

# 使用函式
scores = [7, 23, 56, 89]
averageScore = average(scores)
print('分數平均為', averageScore)
```

以下的範例中，函式回傳來自兩個清單的紙牌清單，可以用來製作紙牌遊戲，
參見「實驗與延伸」段落。

```python
suits = ['梅花', '紅心', '方塊', '黑桃']
cardno = ['2', '3', '4', '5', '6', '7', '8', '9', '10', 'J', 'Q', \
'K', 'A']

def make_cards():
    cards = [] # 從空白清單開始加入紙牌
    for s in suits:
        for i in cardno: # 每個花色配對每個紙牌號碼一次
            cards.append(i + '-' + s)
    return cards
my_cards = make_cards()
print(my_cards)
```

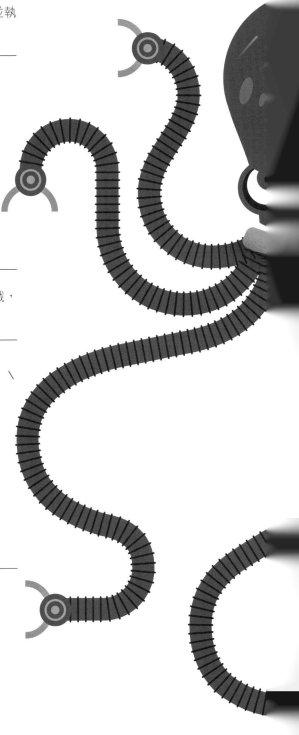

電腦可以隨機選取項目

製作遊戲時，我們常會加入隨機的元素，讓電腦隨機選取項目，而不是由我們來決定。

例如：如果要提升第3章的猜數字遊戲，我們可以讓電腦隨機選一個1和100之間的數，而不是由我們直接寫進程式碼。如此一來，每次執行程式都不同，連程式設計師都不知道正確答案。

在第3章的冒險遊戲例子裡，我們可以讓電腦選遊戲最後階段需要的幸運物品，取代由我們決定是「巧克力」，這樣遊戲每次執行都有不同結局。你可以把這個部分想成電腦從一個袋子裡隨機拿出東西。

在Python裡隨機選物

在Python，我們可以使用random模組（隨機模組）來隨機選物。在程式碼的頂端寫這行：

```
import random
```

為了在範圍起點和範圍終點之間隨機選一個數，我們這樣寫：
random.randint(範圍起點, 範圍終點)。

如果要在1和100之間選一個數，就寫：

```
random.randint(1,100)
```

如果要從某個名稱的清單中隨機選一個項目，就寫**random.choice(清單名稱)**。

```
>>> fruit = ['蘋果', '櫻桃', '香蕉', '草莓']
>>> random.choice(fruit)
```

讓迴圈跑過清單或字串

電腦很擅長執行迴圈——根據特定次數重複執行、在條件為true時不斷重複執行，或是對清單或字串中每個項目執行。

對於任何項目的清單（例如：人名、電話號碼或分數），我們常會建立迴圈讓電腦對清單裡的每個項目執行一次固定的程式碼。

我們可以把文字想成字元的清單，因此可以讓迴圈跑過文字，對每個字元執行同一個動作。這在需要處理使用者輸入的資訊或在文字遊戲等文字專題裡尤其好用。

哈囉小凱

哈囉莎莎

哈囉阿尼

莎莎　小凱　阿尼

名 稱 清 單

這個變數在迴圈每次執行時會變成清單裡每個項目；它的名稱在這裡是**j**，但你可以用不同的變數名稱。

「**:**」很重要，因為它分隔迴圈要執行的程式碼，必須縮排。

IDLE會自動縮排「**:**」後面的程式碼。因為變數**j**的值來自清單中每個項目，可以用在這裡的程式碼。

在Python讓迴圈跑過清單或字串

我們在第2章看過Python如何執行固定次數的迴圈。例如要打招呼十次的話，可以寫：

```
for i in range(10):
    print('哈囉')
```

range使Python產生一個0到9的內部清單，讓迴圈跑過它。我們可以把相同的概念用在任何清單。例如：

```
>>> names = ['alex', 'bob', 'sue', 'dave', 'emily']
>>> for i in names:
        print('歡迎來上課', i)
```

變數i輪流等於清單中的每個項目，所以執行程式碼時是先i = alex，接著i = bob，以此類推。在Python殼層試著執行這段程式碼。會產生以下結果：

```
歡迎來上課 alex
歡迎來上課 bob
歡迎來上課 sue
歡迎來上課 dave
歡迎來上課 emily
```

字串的運作方式類似：字串中每個字元執行一次迴圈。請看以下例子：

打造你的骰子遊戲

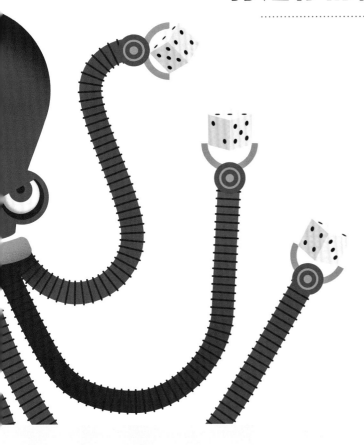

我們來做一個讓電腦和使用者輪流擲固定數量的骰子，看誰總分比較高的骰子遊戲。兩邊各有再擲一次的機會，且能決定已經擲的骰子有哪些要保留、那些要重擲。下方的例子是六個骰子的遊戲。使用者擲出4、6、5、6、2和5，並決定除了2都保留。輸入選擇時用「-」表示保留和「r」表示重擲。

使用者重擲後，換電腦擲，策略是5以下的都重擲。在這個回合裡，電腦贏。

我們會看電腦如何用不同策略來決定哪個保留和哪個重擲。我們也可以把遊戲的目標從最高總分改成最低總分、最多個6，或其他。

因為電腦和使用者的手法類似，我們可以盡可能使用函式來重複使用程式碼。

骰子遊戲執行範例

輸入骰子數：6
準備好了嗎？按任意鍵繼續
使用者第一次擲的結果：[4, 6, 5, 6, 2, 5]
輸入 - 來保留或r來重擲：----r-
重擲 ...
使用者重擲結果：[4, 6, 5, 6, 3, 5]
換電腦
電腦第一次擲的結果：[1, 6, 5, 5, 4, 6]
電腦在思考 ...
電腦的選擇：r---r-
重擲 ...
電腦重擲結果：[5, 6, 5, 5, 6, 6]
電腦總分 33
使用者總分 29
電腦贏

遊戲中的人工智慧

很多遊戲裡都用了一定程度的人工智慧（artifical intelligence，簡稱AI），通常是用來把電腦變成人類玩家的有趣對手。人工智慧的程度會因遊戲的複雜度而異。簡單的可能像寫程式讓電腦玩骰子遊戲，如本章的例子；複雜的則可能像和人類冠軍下棋或玩其他遊戲的程式。有些遊戲的AI策略是根據先前遊戲回合所收集的資料來建立，這就是AI的「機器學習」層面。

第1步：讓使用者選骰子數

建立一個名為Dicegame.py的新檔案，並在頂端加入註解。向使用者詢問遊戲中要使用的骰子數，並儲存在名為number_dice的變數。開始遊戲前，請使用者在準備好開始玩時按任意鍵。

```
# 骰子遊戲

# 主程式區域第1步：開始遊戲
number_dice = input('輸入骰子數：')
number_dice = int(number_dice)
ready = input('準備好開始了嗎？按任意鍵繼續')
```

執行以上的程式，確認運作順利。

為函式取好名字

函式的名稱不能有空白或特殊字元。你可以用任何名稱，但選一個符合函式功能的是寫程式的好習慣，因為這樣讓程式碼容易閱讀和之後修改。因此，雖然可以用Icecream函式來命名決定贏家的程式碼，最好取類似findwinner的；如果要更好讀，可以寫成find_winner或FindWinner。多數的Python程式設計師在需要增加易讀性時會用小寫搭配「_」，因此本書的函式命名風格會像find_winner。

第2步：建立擲骰子的函式

投擲的骰子以數字的清單代表，每個數都是骰子的值。例如有6個骰子，擲出3、4、5、6、6、1的話就用清單[3,4,5,6,6,1]代表。對於所需的骰子數，我們要用random.randint(1,6)來產生1和6之間的數並加入清單。可以從名為dice的空白變數清單開始（空白清單以[]表示，即上引號「[」和下引號「]」），接著用dice.append(random.randint(1,6))來加入隨機數。這個部分會在for迴圈裡進行，次數和遊戲中的骰子數相同（使用先前的變數number_dice）。

為了在遊戲中使用隨機性，自然必須匯入random模組，這樣才能用random函式。

為了建立清單給電腦或使用者，我們要用一個函式來取骰子數為參數，並回傳這個骰子清單。這個部分要加在檔案頂端（第1步的程式碼上面）。

```python
import random
def roll_dice(n):
    dice = []  # 從空白骰子清單開始
    # 將1和6之間的隨機數加入清單
    for i in range(n):
        dice.append(random.randint(1,6))
    return dice
```

接著可以把以上的函式分別用在使用者和電腦。把以下加入在第1步輸入的程式碼下方：

```python
# 主程式區域第2步：擲骰子
# 輪到使用者投擲
user_rolls = roll_dice(number_dice)
print('使用者第一次擲的結果：', user_rolls)
# 輪到電腦投擲
print('輪到電腦')
computer_rolls = roll_dice(number_dice)
print('電腦第一次擲的結果：', computer_rolls)
```

使用前先定義函式

函式在使用前要先定義。最好在檔案頂端就定義，並以下方的註解清楚劃分使用這些函式的主程式碼區域。

另外，任何模組的匯入必須在其他動作之前完成，最好在頂端就進行。因此任何程式檔案的開頭都會像這樣：

```python
import …
def function1():
…
def function2():
…
# 主程式碼
```

執行程式便會看到開頭的部分運作順利。

執行範例

輸入骰子數：6
準備好開始了嗎？按任意鍵繼續
使用者第一次擲的結果：[6, 3, 6, 4, 2, 3]
輪到電腦
電腦第一次擲的結果：[5, 6, 4, 4, 3, 5]

第3步：決定贏家

在寫遊戲剩下的部分前，我們先來決定贏家的函式。這個函式會取使用者和電腦的骰子清單，分別算出總和，並顯示贏家是誰或平手。

清單的sum函式讓計算數字清單的總和變得很簡單。分別取得電腦和使用者的總和後，就可以用條件敘述式來判斷並顯示贏家。把這個函式加入到**roll_dice**函式下方。

```python
def find_winner(cdice_list, udice_list):
    computer_total = sum(cdice_list)
    user_total = sum(udice_list)
    print('電腦總分', computer_total)
    print('使用者總分',user_total )
    if user_total > computer_total:
        print('使用者贏')
    elif user_total < computer_total:
        print('電腦贏')
    else:
        print('平手！')
```

用以下的程式碼在主程式區域裡第2步的程式碼後面呼叫這個函式：

```python
# 程式碼末行：決定贏家
find_winner(computer_rolls,user_rolls)
```

執行程式碼，確認運作順利。

執行範例

```
輸入骰子數：6
準備好開始了嗎？按任意鍵繼續
使用者第一次擲的結果：[4, 4, 1, 4, 5, 3]
輪到電腦
電腦第一次擲的結果：[1, 5, 2, 6, 2, 4]
電腦總分 20
使用者總分 21
使用者贏
```

第4步：問使用者要保留或重擲

現在我們可以問使用者在初次投擲後各個骰子要保留或重擲。這個使用者輸入我們用字串來處理；使用者輸入「-」保留、輸入「r」重擲。我們可以用迴圈來跑這個使用者輸入，決定哪個骰子要重擲並重新計算清單。

另外我們用while迴圈來做錯誤檢查，確認使用者輸入正確的保留和重擲數，並於需要時迫使使用者重新輸入資料。這個錯誤檢查對遊戲其餘部分的運作很重要。

以下的程式碼加入在使用者投擲後和電腦投擲前。

```
# 第4步：取得使用者選擇
user_choices = input("輸入 - 保留或輸入 r 重擲：")
# 檢查使用者輸入長度
while len(user_choices) != number_dice:
    print('您必須輸入', number_dice, \
'選擇')
    user_choices = input("輸入 - 保留或輸入 r 重\
擲：")
```

第5步：建立重擲的函式

有了作為字串的使用者選擇之後，可以用這個字串和原本的擲骰子結果（儲存在清單）來建立清單的新版本。因為對使用者和電腦會各進行一次，我們在這裡也要用函式。這個函式需要知道哪個清單要修改和用哪組選擇來修改這個清單。我們在頂端也要加入**import time**來給遊戲一個暫停。在檔案上方其他函式後面加入這個函式。

```
def roll_again(choices, dice_list):
    print('重擲 ...')
    time.sleep(3)
    for i in range(len(choices)):
        if choices[i] == 'r':
            dice_list[i] = random.randint(1,6)
    time.sleep(3)
```

有了重擲的函式之後，在使用者做出選擇之後呼叫這個函式，如下：

```
# 第5步：根據使用者選擇重擲
roll_again(user_choices, user_rolls)
print('玩家重擲：', user_rolls)
```

執行程式。使用者現在可以決定哪個要保留、哪個要重擲，而這會決定下一次的投擲。

執行範例
```
輸入骰子數：6
準備好開始了嗎？按任意鍵繼續
使用者第一次擲的結果：[5, 3, 1, 1, 4, 5]
輸入 - 保留或輸入 r 重擲：--rr--
重擲 ...
玩家重擲：[5, 3, 4, 1, 4, 5]
輪到電腦
電腦第一次擲的結果：[4, 4, 2, 3, 5, 4]
電腦總分 22
使用者總分 22
平手！
```

第6步：用策略決定電腦的選擇

使用者做出選擇、骰子重擲後，我們必須讓電腦選擇哪些骰子保留、哪些重擲。我們可以用不同策略來進行。以下是兩種可能性：

策略1：全部重擲，這樣選擇字串全都是r。

策略2：只有在數字小於5時重擲；在這裡需要用到if-else敘述式。

我們可以透過函式來執行各個策略，以字串形式提供選擇。你可以在檔案頂端加入其一或兩個都放。新建立的字串稱為**choices**，從函式回傳。

```python
def computer_strategy1(n):
    # 建立電腦選擇：全部重擲
    print('電腦在思考 ...')
    time.sleep(3)
    choices = ''  # 從空白選擇清單開始
    for i in range(n):
        choices = choices + 'r'
    return choices


def computer_strategy2(n):
    # 建立電腦選擇：若＜5則擲
    print('電腦在思考 ...')
    time.sleep(3)
    choices = ''  # 從空白選擇清單開始
    for i in range(n):
        if computer_rolls[i] < 5:
            choices = choices + 'r'
        else:
            choices = choices + '-'
    return choices
```

在電腦投擲之後，呼叫其中一種策略來建立新的選擇清單，並用在**roll_again**函式，如下。把這個程式碼加在第3步加入的**find_winner**呼叫之前。記得，決定贏家是這個專題的最後一行。在線上查看完整的專題程式碼（參見第138頁），確認程式碼順序正確。

```
# 第6步
# 決定選擇：使用策略函式之一
computer_choices = computer_strategy2(number_dice)
print('電腦選擇：', computer_choices)
# 電腦用所做的選擇重擲
roll_again(computer_choices, computer_rolls)
print('電腦重擲：', computer_rolls)
```

如何改進這個遊戲？

有很多方法可以改進這個遊戲。

■ 允許二到三次重擲，讓使用者或電腦提升總分。

■ 讓整個遊戲在迴圈中進行，以三個回合決定贏家。

■ 變更得勝條件：最低分、最多個六，或其他。

■ < 5是決定重擲的最佳策略嗎？修改策略的程式碼或加入更多策略；也可讓使用者選擇難度等級來決定電腦要採什麼策略。

■ 加入更好的排版或ASCII設計來讓這個文字遊戲更美觀。

這是屬於你的骰子遊戲，可以用創意和Python程式碼讓它更獨特。

更進一步
實驗與延伸

實驗1：創造抽象藝術

用隨機顏色、隨機尺寸的圓圈和隨機尺寸的正方形，來創造每次執行程式都不同的抽象藝術（abstract art）。

虛擬程式碼

匯入turtle模組

匯入random模組

建立海龜

用第2章的方法建立顏色清單

以下執行100次

　　向前移動海龜0和360之間的隨機距離

　　開始填入顏色

　　設定隨機填入顏色

　　設尺寸為10和50之間的隨機數

　　以square函式和尺寸畫正方形

　　結束填入正方形顏色

　　向前移動海龜20和100之間的隨機距離

　　以0和360之間的隨機角度旋轉海龜

　　開始填入顏色

　　設定隨機填入顏色

　　以5和30之間的隨機數畫圓

　　結束填入圓形顏色

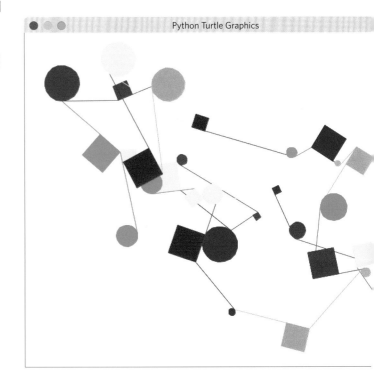

Python Turtle Graphics

實驗2：創造有變化的鄉村風景畫

使用下面的house函式（這是以第51頁的實驗為基礎），在風景畫中創造各種不同顏色尺寸的隨機小房子，每次執行程式時都會有不同結果。

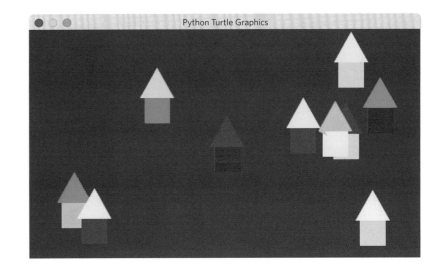

虛擬程式碼

匯入turtle模組

匯入random模組

建立海龜

建立顏色清單

從下方複製函式程式碼

設背景為藍色

以下重複10次

　　設x為-200和200之間的隨機數

　　設y為-200和200之間的隨機數

　　設wall_color為清單中的隨機顏色

　　設roof_color為清單中的隨機顏色

　　以x、y、wall_color、roof_color為參數呼叫house函式

```python
def house(x, y, wallColor, roofColor):
    shelly.penup() #移動到新位置前提筆
    shelly.goto(x,y) #移動海龜到位置
    shelly.setheading(0) #設定讓海龜指向右邊
    shelly.pendown() #下筆，準備好畫圖
    shelly.begin_fill()
    shelly.color(wallColor) #設定顏色並畫正方形
    for i in range(4):
        shelly.right(90)
        shelly.forward(30)
    shelly.end_fill()
    shelly.backward(35) #返回，準備好畫屋頂
    shelly.begin_fill() #開始填入屋頂顏色
    shelly.color(roofColor)
    shelly.left(60)
    shelly.forward(40)
    shelly.right(120)
    shelly.forward(40)
    shelly.right(120)
    shelly.forward(40)
    shelly.end_fill() #停止填入屋頂顏色
```

實驗3：產生詩歌

建立字詞的清單：形容詞、動詞等，用來產生詩篇。如果要進階的挑戰，試著依照格律來選字，產生特定類型的詩，例如俳句或五行打油詩。讓使用者選擇要讀下一首詩或離開，讀一首或多首詩。

執行範例

按下任意鍵來讀下一首詩，或輸入q來離開。

有一個女孩叫 賽麗娜
她想成為 芭蕾舞者
她在 平地 上玩耍
和 貓咪 做朋友
最後迷路在 賓夕法尼亞

按下任意鍵來讀下一首詩，或輸入q來離開。

有一個女孩叫 堤米娜
她想成為 芭蕾舞者
她在 帽子 上跳舞
和 老鼠 做朋友
最後迷路在 特朗塞林那

按下任意鍵來讀下一首詩，或輸入q來離開 q

註：此處的詩在英文原文中皆有押韻。

實驗4：打造紙牌遊戲

寫一個遊戲讓使用者和電腦從一副紙牌抽牌，較大的牌贏。加入你自己的規則並決定遊戲的長度。用「主要概念」段落的程式碼來把一副紙牌儲存成清單。用random.choice(list)來從清單隨機抽牌。如果要把項目從牌堆中移除，使用my_cards.remove(card)，其中my_cards是make_cards函式回傳的清單。

用下方的find_card_order函式來判斷哪張牌比較大。（注意，這個函式假設你用的是「大概念」段落裡建立牌堆的程式碼。）這個函式會根據第一張牌和第二張牌相同或較小、較大來回傳相同、較小或較大。如果兩張牌不相同，它會找出紙牌名稱的第一部分（牌的數字），接著是在卡片數字清單的排序，然後根據這個位置回傳較大或較小。

```python
def find_card_order(card1, card2):
    if card1 == card2:
        return '相同' # 選了相同的牌
    cpos1 = card1[0: card1.find('-')]
    cpos2 = card2[0: card2.find('-')]
    order1 = cardno.index(cpos1)
    order2 = cardno.index(cpos2)
    if order1 > order2:
        return '較大'
    elif order1 < order2:
        return '較小'
    else: # 相同數字，但花色不同
        return '相同'
```

實驗5：打造文字解讀遊戲

寫一個文字解讀遊戲，讓電腦從清單給使用者一個打亂字母順序的詞，讓使用者猜這個詞。你可以加入自己的規則，例如讓使用者隨時可以離開或必須玩完所有詞，或是否給予提示。用以下的函式來打亂詞的字母順序：

```
def scramble(w):
    # 把字串轉換成字母清單
    letters = list(w)
    random.shuffle(letters)
    # 用字母建立scramble_word
    scramble_word = ''
    for i in letters:
        scramble_word = scramble_word + i
    return scramble_word
```

其他實驗

嘗試寫出以下程式：

■ 算命師

■ 猜拳

■ 讓使用者輸入秒數，接著倒數到0的倒數計時器

python!

ytponh????

5

運用創意打造自己
的街機遊戲。

打造有視窗、
按鈕、圖片和
更多元素的應
用程式。

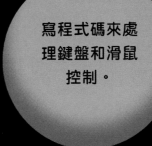

寫程式碼來處
理鍵盤和滑鼠
控制。

打造你的
應用程式和遊戲

為所有程式設
計專題加上圖
形介面。

圖形使用者介面（GUI）

按這裡

圖形使用者介面（graphical user interface）常簡稱為**GUI**（或稱圖形介面），讓使用者透過圖示等圖形元素和電腦互動，取代打字輸入文字指令。電腦和手機上多數的遊戲和應用程式（App）都採用GUI，讓我們按圖示、按鈕或選單。

在第3和第4章的遊戲只允許使用者的文字輸入。在本章，我們要學如何在遊戲和應用程式裡使用GUI。

在Python建立GUI

Python有一個用於建立GUI的標準模組叫「Tkinter」。Tkinter有跨平臺特性，也就是說寫出應用程式的Python程式碼可以在任何平臺（PC、Mac、Linux等）執行。因為Tkinter是一個模組，任何要用它的Python程式都要把它匯入，都必須在程式碼頂端加入這個部分。

```
from tkinter import *
```

事件驅動程式設計

GUI程式和其他程式不同的地方在於必須回應外部事件，例如：使用者點選按鈕、按按鍵或調整視窗尺寸。這種程式設計稱為「**事件驅動程式設計**」（event-driven programming）。GUI程式有「**主事件迴圈**」（main event loop），用來偵測事件並呼叫程式碼（函式）來處理這些事件；這種函式稱為「**事件處理器**」（event handler）。

匯入TKINTER

這裡的import程式碼和我們在第2章用於turtle模組的和第4章用於random模組的不同。這種匯入方法讓我們無需前綴**tkinter**一詞就能使用Tkinter模組裡的所有函式。

主要概念
GUI事件迴圈

....

因為使用GUI的程式可能變更畫面的任何部分，並且能夠
回應任何事件，它必須不斷檢查畫面是否需更新和重新整
理。它必須同時偵測事件（鍵盤控制和滑鼠點擊）並呼叫
事件處理器來處理。

Python的GUI事件迴圈

Tkinter模組有一個GUI事件迴圈，稱為「**主迴圈**」（main
loop），要放在任何GUI專題的程式碼最後一行。它會持
續執行迴圈，偵測並處理事件及更新畫面，直到使用者關
閉視窗（或程式呼叫視窗銷毀函式）。假設視窗的變數名
稱是**window**，以下就是必須加在最後一行的程式碼。

```
window.mainloop()
```

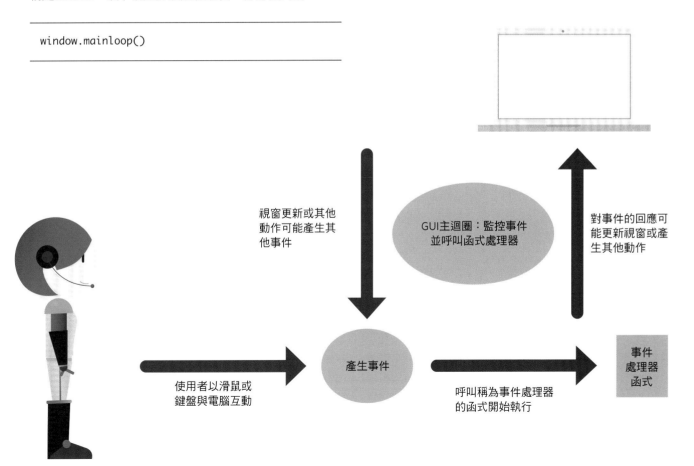

主要概念
GUI從視窗開始

任何GUI都必須從含有遊戲或應用程式裡所有元素的視窗（window）開始。這個視窗會容納應用程式的圖示、圖片、文字、按鈕、選單等。GUI程式還要呼叫主事件迴圈來不斷偵測事件。

在Python建立視窗

用Tkinter模組建立視窗時，我們可以用叫做**window**的變數來儲存關於這個視窗的資訊，並用以下的程式碼給它一個標題：

```
window = Tk()
window.title('我的第一個GUI')
```

如前面所說，最後的步驟是呼叫主事件迴圈，必須放在程式碼最後一行。

```
window.mainloop()
```

在名為GUITest.py的檔案建立新的程式，產生你的第一個GUI視窗。以下是這個程式的程式碼：

```
from tkinter import *

window = Tk()

window.title('我的第一個GUI ')
window.mainloop() # GUI主事件迴圈
```

接著就會看到一個像電腦上一般視窗的視窗。

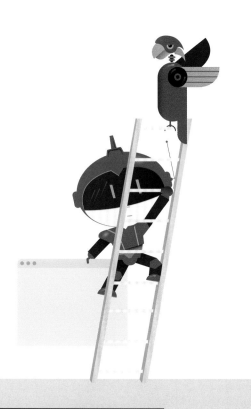

相同程式碼，不同電腦

Tkinter模組的一大優點是Python程式碼可以針對用來執行它的電腦產生GUI，例如在Windows電腦的話，GUI視窗就會看起來像其他的Windows應用程式、在Mac的話就會像Mac應用程式（圖為Mac）。

My First GUI

主要概念
可點擊按鈕

有了視窗，我們就能加入圖形項目。按鈕、標籤、選單和捲軸等圖形元素稱為「**widget**」（小工具）。在本章，我們會建立按鈕、標籤、條目和畫布widget。例如我們可以加入一個「按我」（Click Me）按鈕，在按下後於畫面的顯示區域顯示「Hello, World」。

為了這個目的，我們要建立兩個widget：

❶ 按下時產生動作的「按我」widget按鈕

❷ 標籤widget，做為在畫面上用來顯示文字的區域

我們必須把按鈕連結到使用者按下時要執行的程式碼。這個程式碼會把資訊放進視窗上的顯示區域。

在Python建立可點擊按鈕

在上方的例子，我們會建立一個在按下後於畫面中顯示區域顯示「Hello, World」的「Click Me」按鈕。

因為必須連結程式碼到按鈕，我們要建立一個函式來在按下按鈕時執行。我們把這個函式命名為**hello_function**，並放置在建立widget的程式碼前。

```
# 按下按鈕時呼叫的函式
def hello_function():
    print('Hello, World') # 顯示到殼層
    # 變更顯示widget來顯示此文字
    display_area.config(text = "Hello,
World", \
fg="yellow", bg = "black")
```

現在我們可以加入程式碼來建立widget，接著放置在畫面上。

```python
# 加入一個按鈕widget
button1 = Button(window, text="Click Me", command = hello_function)
button1.pack() # 這裡實際把按鈕放置在視窗

# 加入顯示區域：使用標籤widget
display_area = Label(window, text ="")
display_area.pack() # 這裡實際把文字區域放置在視窗
```

以下是完整的程式碼。把它輸入名為FirstGUI.py的檔案，並執行。

```python
# 我的第一個GUI程式
from tkinter import *

window = Tk()
window.title('我的第一個GUI')

# 按下按鈕時要呼叫的函式
def hello_function():
    print('Hello, World') # 在Python殼層顯示Hello World
    # 變更顯示區域widget來顯示此文字
    display_area.config(text = "Hello, World", fg="yellow", bg = \
"black")

# 加入按鈕widget
button1 = Button(window, text="Click Me", command = hello_function)
button1.pack() # 這裡實際把按鈕放置在視窗

# 加入顯示區域：使用標籤widget
display_area = Label(window, text ="")
display_area.pack() # 這裡把文字區域放置在視窗

window.mainloop() # 最後一行是GUI主事件迴圈
```

有按鈕設定資訊的變
數的名稱

要寫在按鈕上
的文字

使用者按下這個按鈕時要執
行的程式碼中的函式名稱：
必須在按鈕前定義。

button1 = Button(window, text="Click Me:", command = hello_function)

使用這個按鈕的視窗：
用之前建立的window
變數。

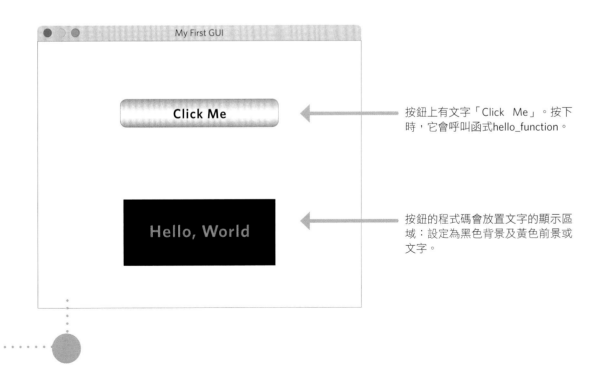

按鈕上有文字「Click Me」。按下
時，它會呼叫函式hello_function。

按鈕的程式碼會放置文字的顯示區
域：設定為黑色背景及黃色前景或
文字。

在畫面上加入形狀、文字和圖片物件

對於多數的應用程式，我們需要的不只是按鈕。舉例來說，遊戲需要的物件包括畫面上的形狀、文字和圖片。為了儲存這些物件，我們要建立能夠容納其他物件的畫布（canvas）物件。

如何在Python把物件顯示在畫面

為了建立畫布，我們在視窗裡建立一個Canvas widget，並指定寬度和高度。如同在按鈕widget所做的，我們為這個widget建立一個變數，接著用pack()來把它顯示在畫面。

```
# 建立畫布來把物件顯示在畫面
canvas = Canvas(window, width=400,height=400)
canvas.pack()
```

把以上加入FirstGUI.py檔案的最後一行GUI主事件迴圈之前，並執行。接著便會看到空白開放的畫布區域。

緊接在這個畫布建立程式碼的後面加入以下程式碼，在這個畫布上建立一個圓圈、一個四角形、文字和一個圖片。註解說明各種參數，包括x、y和顏色；建立每個物件時都必須指定。

```
# 這裡建立一個紅色圓圈，位置100,200，尺寸30 x 30
circle = canvas.create_oval(100,200,130,230, fill = 'red')

# 在左上角建立一個藍色四角形，位置50,50，尺寸20 x 30
blue_rect = canvas.create_rectangle(50,50,70,80, fill = 'blue')

# 建立文字「Welcome」，黑色，字型Helvetica 30，位置200,200
screen_message = canvas.create_text(200,200, text= 'Welcome', \
fill='black', font = ('Helvetica', 30))

# 用gif檔案建立圖片物件
img = PhotoImage(file="greenChar.gif")
# 用圖片物件建立畫布圖片，位置100,100
mychar = canvas.create_image(100,100,image = img)
```

執行檔案，接著會在畫面看到一個紅色圓圈、一個藍色四角形、「Welcome」文字和一個綠色人物。參閱左邊的說明來看如何取得並放置綠色人物的圖片。

在程式碼中使用圖片：綠色人物在哪裡？

測試執行前，必須在Python檔案的同一個資料夾裡放一個名為greenChar.gif的圖片。你可以用任何繪圖工具建立一個小的gif檔案或從列於第138頁的網站下載greenChar.gif檔案。要確定檔案沒有很大，而且檔名相符，區分大小寫。

根據鍵盤控制來移動物件

有了物件之後，我們可以用不同方式控制它們，例如在使用者按下方向鍵時移動物件。和按鈕的做法一樣，我們要建立一個在按下按鍵時執行的函式，且必須連結（綁定）這個函式，讓它處理鍵盤輸入。因為每次鍵盤輸入都視為一個事件，這些函式稱為「**事件處理器**」（event handler）。這種函式和物件之間的連結稱為「**綁定**」（binding）。我們用一個畫布綁定函式來建立事件處理器函式和鍵盤之間的這種連結（綁定）。

在Python使用鍵盤控制

我們必須建立一個處理鍵盤輸入並連結（綁定）到畫布的函式。舉例來説，假設紅色圓圈要根據方向鍵往左和右移動，我們可以建立一個叫**move_circle**的函式，判斷哪個按鍵被按下，接著變更圓圈的x和y值來移動它。要往右移動的話，就需要給x一個正值的變更；要往左的話，就給負值的變更。

以下是這個函式的程式碼。把它加入在FirstGUI.py檔案的**hello_function**後面。

```
# 根據鍵盤把圓圈往左或右移動
def move_circle(event):
    key = event.keysym
    if key == "Right":
        canvas.move(circle,10,0) # 變更x
        elif key == "Left":
        canvas.move(circle,-10,0) # 變更x
```

接著我們用如下的畫布綁定函式連結（綁定）這個**move_circle**函式到按鍵。

```
# 將鍵盤輸入綁定到move_circle
canvas.bind_all('<Key>', move_circle)
```

把這個畫布綁定程式碼加在最後的GUI主迴圈前面。執行FirstGui.py檔案，看圓圈是不是隨方向鍵移動。

根據滑鼠點擊移動物件

有時候我們需要根據滑鼠在物件上的點擊來移動或變更物件。這時我們必須把處理滑鼠點擊的函式用類似上一頁鍵盤控制事件處理器的方法來連結。舉例來說，如果要把角色移動到使用者點擊畫面的位置，就必須找出滑鼠點擊的x和y位置並把角色更新到那個位置。這麼做的方法是建立一個函式來讀取滑鼠位置並更新角色的位置，並把這個函式綁定到滑鼠點擊事件。

在Python使用滑鼠點擊

移動角色「mychar」到新的滑鼠位置是透過名為move_character的函式完成，程式碼如下：

```
# 處理角色mychar上滑鼠點擊的函式
def move_character(event):
    canvas.coords(mychar,event.x,event.y)
```

把角色綁定到滑鼠點擊的程式碼是透過畫布綁定完成，如下：

```
# 將滑鼠左鍵綁定到角色的移動
canvas.bind_all('<Button-1>', move_character)
```

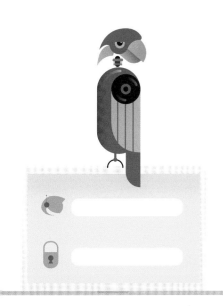

主要概念
從使用者取得資料

在按鈕、滑鼠和鍵盤的輸入之外，GUI程式可能還需要透過輸入widget來取得使用者輸入的資料，接著存取和處理這個資料。

在Python取得使用者資料

為了從使用者取得資料，必須如下建立一個輸入widget：

```
user_data = Entry(window,text='') #初始輸入為空白
user_data.pack()
```

為了在程式的後續存取這個資料，我們使用**user_data.get()**。

例如以下這個簡短的程式，它取使用者輸入的英寸單位距離，如果不是空白，則把它轉換成公分並在使用者按下「轉換」按鈕時顯示距離。

```
# 單位轉換應用程式：英寸轉公分

from tkinter import *

def convert():
    if inch_data.get() != "":
        cm_string = str(int(inch_data.get()) * 2.54)
        cm_display.configure(text = cm_string)

window = Tk()
window.title('英寸-公分轉換器')

inch_data = Entry(window, text="")
inch_data.pack()

cm_display = Label(window, text="")
cm_display.pack()

button = Button(window, text='轉換成公分', command = convert)
button.pack()
window.mainloop() #最後一行是HUI主事件迴圈
```

Inch to cm Converter

100

254.0

Convert to cm

轉換成公分

GUI能依照排程執行程式碼

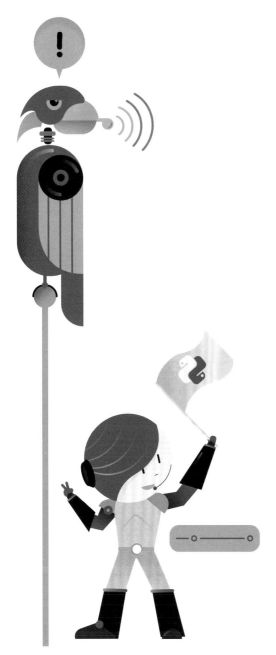

在部分的專題裡，例如遊戲，我們需要讓某些動作以迴圈執行（角色移動、敵人出現等），但我們也需要更新畫面和處理滑鼠點擊等事件。如果GUI主迴圈是程式碼的最後一行，它就會持續執行，不給我們執行其他程式碼的機會。為了讓其他動作以迴圈執行，在主GUI事件迴圈之外，我們可以用GUI模組來給它們排程。

在Python以GUI搭配程式碼排程

在呼叫主迴圈之前，用after函式來排程其他動作，例如：

```
window.after(100, move_candy)
```

如此會排定讓**move_candy**函式在100毫秒後執行。在**move_candy**函式中排定讓**move_candy**再次執行；如此會建立迴圈，讓它在程式中持續執行。在本章的專題，我們會更深入討論如何應用這個概念。

退出GUI程式

因為GUI程式採用持續執行的迴圈（主迴圈）來更新畫面和處理事件，如果使用者點擊視窗關閉按鈕或程式呼叫視窗銷毀函式，迴圈就會結束。

在Python退出GUI

我們可以加入一個按下後能退出程式的退出按鈕。需要的是一個函式，並把它連結到按鈕，如下。

```python
# 按下退出按鈕時要呼叫的函式
def exit_program():
    window.destroy()

qbutton = Button(window, text="退出", command = exit_program)
qbutton.pack()  # 這裡實際把按鈕放置在畫面上
```

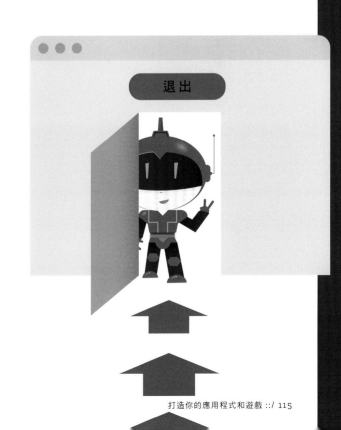

專題
打造你的街機風格遊戲

我們這就運用本章的GUI概念來打造經典街機風格的遊戲。我們用以下的功能來構成「糖果怪獸遊戲」：

■ 玩家用方向鍵控制怪獸角色。

■ 不同顏色的糖果出現在隨機的頂端起始點並掉落到底端。

■ 玩家要接住掉落的糖果，而分數會更新來顯示接住幾顆糖果。如果接到紅色（或其他禁忌顏色）的糖果，遊戲就結束。

■ 隨著分數增加，糖果掉落速度加快，遊戲難度增加。

當然，你可以變更遊戲的任何層面：角色、掉落的物件、計分方式等。

街機風格遊戲

街機風格遊戲是類似經典投幣式街機遊戲的動作遊戲，多數有簡單的視覺呈現和玩法。它們所牽涉的解謎成分很少，依賴的是玩家精確移動、快速決策和手眼協調的技巧。遊戲難度通常隨著關卡提升。

透過GIF檔案在遊戲中使用圖片

玩家角色是用一個GIF圖片格式（副檔名.gif）的檔案建立。這個檔案要和Python檔案放在同一個資料夾。檔案的大小不能太大（提供的範例只有4KB）。這個遊戲的範例GIF檔案greenChar.gif可以在第138頁的網站下載，或者可以找一個免費授權使用的檔案。你也可以用任何點陣圖編輯器來建立自己的角色。請注意，本章的範例採用GIF檔案是因為在Tkinter最容易使用。檔案類型務必為GIF。在Tkinter，如果要在畫布或按鈕等地方使用任何圖片，都要先建立類型PhotoImage的物件，並用於widget。

第1步：建立初始遊戲設定

以下是這個步驟的虛擬程式碼。

虛擬程式碼

匯入Tkinter及random模組
建立window及canvas物件
建立遊戲標題及指示文字物件
設變數score為0
建立score_display widget來顯示分數
設關卡為1
建立level_display widget來顯示關卡
用圖片檔案來建立角色
呼叫GUI主事件迴圈做為最後一行程式碼

以下是上面虛擬程式碼的Python程式碼；每個部分都有註解來說明。把這些程式碼輸入到名為GUIGame.py的新檔案。

```
# 糖果怪獸遊戲程式
from tkinter import *
import random

# 建立視窗
window = Tk()
window.title('糖果怪獸遊戲')

# 建立畫布來放置物件到畫面上
canvas = Canvas(window, width=400, height=400, bg = 'black')
canvas.pack()

# 建立有標題和指示的歡迎畫面
title = canvas.create_text(200, 200, text= '糖果怪獸', \
fill='white', font = ('Helvetica', 30))
directions = canvas.create_text(200, 300, text= '蒐集糖果 \
但避開紅色糖果', fill='white', font = ('Helvetica', 20))

# 用標籤widget建立分數顯示
score = 0
score_display = Label(window, text="分數：" + str(score))
score_display.pack()

# 用標籤widget建立關卡顯示
level = 1
level_display = Label(window, text="關卡：" + str(level))
level_display.pack()

# 用GIF檔案建立圖片物件
player_image = PhotoImage(file="greenChar.gif")
# 用圖片物件建立角色，位置200,360
mychar = canvas.create_image(200, 360, image = player_image)

window.mainloop()    # 最後一行是GUI主事件迴圈
```

執行這個步驟的程式碼時，會看到一個基本的遊戲視窗加上指示，類似
附圖。

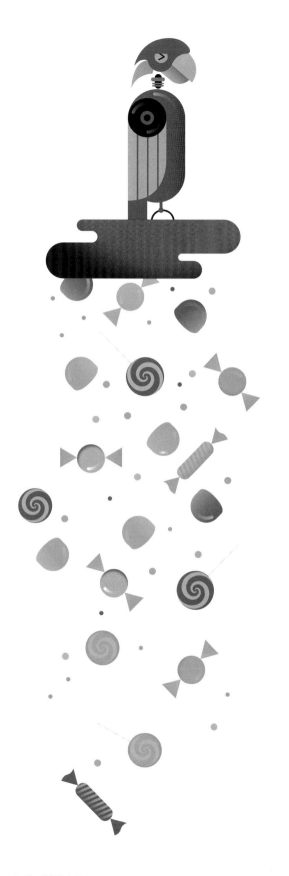

第2步：加入產生和投放糖果的程式碼

以下是這個步驟的虛擬程式碼。

虛擬程式碼

- 設candy_list、禁忌candy_list為空白清單
- 設candy_speed為2
- 建立糖果顏色清單
- 定義函式make_candy()

   設x為隨機位置

   設y為0

   設c為隨機顏色

   以x、y、c建立畫布橢圓

   將橢圓加入candy_list

   若顏色為紅色，加入禁忌candy_list

   再次排程make_candy

- 定義函式move_candy()

   candy_list有糖果時

      增加y

      若y > 畫面邊緣

         設y為0、x為隨機位置

   再次排程move_candy

以下是這個步驟的程式碼。把它加入GUIGame.py的GUI主事件迴圈前面。因為我們還沒排程**make_candy**和**move_candy**函式，所以和第一步不會有不同。

```
# 管理糖果所需的變數和清單
candy_list = [] # 含有所有建立的糖果的清單，開始時為空白
bad_candy_list = [] # 含有所有建立的禁忌糖果的清單，開始時為空白
candy_speed = 2 # 初始的糖果掉落速度
candy_color_list = ['red', 'yellow', 'blue', 'green', 'purple', 'pink', \
'white']

# 於隨機位置產生糖果的函式
def make_candy():
    # 選取隨機x位置
    xposition = random.randint(1, 400)
    # 選取隨機顏色
    candy_color = random.choice(candy_color_list)
    # 於隨機位置產生隨機顏色的尺寸30糖果
    candy = canvas.create_oval(xposition, 0, xposition+30, 30, fill = \
candy_color)
    # 將糖果加到清單
candy_list.append(candy)
    # 若糖果顏色為紅色，加入到bad_candy_list
    if candy_color == 'red' :
            bad_candy_list.append(candy)
    # 排程此函式來再次產生糖果
    window.after(1000, make_candy)

# 函式向下移動糖果，並排程呼叫move_candy
def move_candy():
    # 迴圈跑過糖果清單並變更y位置
    for candy in candy_list:
        canvas.move(candy, 0, candy_speed)
        # 檢查是否達畫面邊緣：於隨機位置重新開始
        if canvas.coords(candy)[1] > 400:
            xposition = random.randint(1,400)
            canvas.coords(candy, xposition, 0, xposition+30,30)
    # 排程此函式來再次移動糖果
    window.after(50, move_candy)
```

第3步：加入更新分數和結束遊戲的程式碼

以下是這個步驟的虛擬程式碼。

虛擬程式碼

```
定義函式update_score_level()
    增加分數、更新顯示
    若分數 > 10
        設關卡為2、更新顯示
        增加candy_speed
    若分數 > 20
        設關卡為3、更新顯示
        增加candy_speed
定義函式end_game_over()
    銷毀視窗
定義函式end_title()
    銷毀標題、指示物件
```

以下是本步驟的程式碼。把它加入到上個步驟的後面，同樣確認是在最後一行的GUI主事件迴圈前面。因為這些函式還沒排程，和第1步沒有不同；分數還沒更新。

```python
# 函式更新分數、關卡和candy_speed
def update_score_level():
    # 使用global，因為變數已變更
    global score, level, candy_speed
    score = score + 1
    score_display.config(text="分數：" + \
str(score))
    # 判斷關卡是否需要變更
    # 更新關卡和糖果速度
    if score > 5 and score <= 10:
        candy_speed = candy_speed + 1
        level = 2
        level_display.config(text="關卡：" + \
str(level))
    elif score > 10:
        candy_speed = candy_speed + 1
        level = 3
        level_display.config(text="關卡：" + \
str(level))

# 呼叫函式來結束遊戲：銷毀視窗
def end_game_over():
    window.destroy()

# 這裡銷毀畫面上的指示
def end_title():
    canvas.delete(title) # 移除標題
    canvas.delete(directions) # 移除指示
```

區域變數VS.全域變數

任何建立在函式內的變數（def內）是這個函式的「**區域變數**」（local variable），代表只有這個函式內的程式碼可以存取它。在這個函式（def外）執行後，這個變數就不能使用。在函式外建立的變數稱為「**全域變數**」（global variable），存在的時間和程式相同。所有函式都能存取全域函式，但無法修改，除非在函式內宣告為全域。因為變數score、level和candy_speed必須在遊戲全程都保留，它們是在update_score_level函式之外建立為全域變數update_score_level函式將需要修改score、level和candy_speed變數，因此在函式內宣告為全域變數。應盡可能避免全域變數，因為它們可能在不同且有時候沒有預期的地方改變，使檢查程式的錯誤變得困難。我們可以用更進階的程式設計技巧來避免使用全域變數，但這在本書的範圍之外。

第4步：
加入檢查角色是否碰到糖果的程式碼

我們現在要加入判斷角色是否碰觸(collision)糖果，並把它從糖果清單刪除的程式碼。如果是禁忌糖果，就要呼叫讓遊戲結束。

以下是這個步驟的虛擬程式碼。

虛擬程式碼

定義函式 collision（項目1、項目2、距離）

　設x為項目間水平差

　設y為項目間垂直差

　設置重疊為 x < 距離 和 y < 距離

　回傳重疊

定義函式check_hits()

　candy_list內有項目時

　　若項目與角色碰撞

　　　若項目在badcandy_list

　　　建立遊戲結束畫面

　　　排程end_game_over

　　否則

　　　呼叫update_score_level

以下是這個步驟的程式碼；同樣加入到檔案內最後一行GUI主事件的前面。因為還沒呼叫這些函式，在這個階段不會看到變化。

```
# 檢查2個物件之間的距離，若「接觸」則回傳true
def collision(item1, item2, distance):
    xdistance = abs(canvas.coords(item1)[0] - canvas.coords(item2)[0])
    ydistance = abs(canvas.coords(item1)[1] - canvas.coords(item2)[1])
    overlap = xdistance < distance and ydistance < distance
    return overlap


# 檢查角色是否觸碰禁忌糖果、排程end_game_over
# 若角色觸碰糖果，從畫面、清單移除，更新分數
def check_hits():
    # 檢查是否觸碰禁忌糖果：需結束遊戲
    for candy in bad_candy_list:
        if collision(mychar, candy, 30):
            game_over = canvas.create_text(200, 200, text= '遊戲結束', \
fill='red', font = ('Helvetica', 30))
            # 結束遊戲，但在給使用者看分數之後
            window.after(2000, end_game_over)
            # 不檢查其他糖果，將銷毀視窗
            return
    # 檢查是否觸碰好糖果
    for candy in candy_list:
    if collision(mychar, candy, 30):
        canvas.delete(candy) # 從畫布移除
            # 從清單找出並移除並更新分數
            candy_list.remove(candy)
            update_score_level()
    # 再次排程檢查觸碰次數
    window.after(100, check_hits)
```

第5步：加入用方向鍵控制角色的程式碼

現在我們要加入用方向鍵控制角色的程式碼。如果我們在每次按下方向鍵時呼叫一個函式，控制會不順暢所以我們改成在按下方向鍵時判斷角色要移動的方向，以名為**move_direction**的變數追蹤這個移動方向，接著在方向鍵放開時，更新**move_direction**變數。最後，我們根據**move_direction**的值更新角色位置，並確認它沒有超出畫面邊緣。

每秒幀數

每秒幀數（FPS）代表畫面上影像更新的速率，指的是每秒可以看到的影像（幀／影格）數。在一般遊戲裡，使用者可以看到每秒60幀。在這個遊戲，為了產生順暢的移動，我們會以60　FPS處理鍵盤輸入，即每1/60秒一次（1/60 * 1000 毫秒 = 約 16 ms）。這就是**move_character**函式排程為每16　ms一次的原因。你可以嘗試其他數值，在較慢的電腦上用較高的數值（如每秒30幀應該還能接受，即1/30 = 33 ms）。

以下是這個步驟的虛擬程式碼。

虛擬程式碼

```
設move_direction為0
定義函式check_input(event)
    若按下右方向鍵
        設move_direction為右
若按下左方向鍵
    設move_direction為左
定義函式end_input(event)
    設move_direction為無
定義move_character()
    若move_direction為右AND在畫面邊緣內
        增加角色x
    若move_direction為左AND在畫面邊緣內
        減少角色x
    排程move_character在16 ms之後

設置畫布綁定按鍵按下為check_input
設置畫布綁定按鍵放開為end_input
```

以下是這個步驟的程式碼。同樣把它加入到檔案裡最後一行GUI主事件迴圈前面。因為move_character還沒排程，執行程式時同樣不會有變化。

```
move_direction = 0 # 追蹤玩家移動方向
# 函式處理玩家按下方向鍵
def check_input(event):
    global move_direction
    key = event.keysym
    if key == "Right":
        move_direction = "Right"
    elif key == "Left":
        move_direction = "Left"


# 函式處理玩家放開方向鍵
def end_input(event):
    global move_direction
    move_direction = "None"


# 函式檢查是否在邊緣上並根據左/右更新x座標
def move_character():
    if move_direction == "Right" and canvas.coords(mychar)[0] < 400:
        canvas.move(mychar, 10,0)
    if move_direction == "Left" and canvas.coords(mychar)[0] > 0 :
        canvas.move(mychar, -10,0)
    window.after(16, move_character) # 以每秒60影格移動角色


# 綁定按鍵到角色
canvas.bind_all('<KeyPress>', check_input) # 綁定按鍵按下
canvas.bind_all('<KeyRelease>', end_input) # 綁定所有按鍵到圓圈
```

第6步：開始遊戲！

排程指示結束及產生糖果、移動糖果、檢查觸碰次數、移動角色和開始遊戲迴圈的函式

排程銷毀標題及開始指示的呼叫，接著排程對所有執行遊戲所需函式的呼叫（**make_candy**、**move_candy**、**check_hits**和**move_character**）。最後，確認確認主遊戲迴圈仍然是最後一行程式碼，這樣才能處理所有事件。

以下是這個步驟需要加入的程式碼。務必加入在最後一行GUI主事件迴圈前面。

```
# 排程所有函式來開始遊戲迴圈
window.after(1000, end_title) # 銷毀標題及指示
window.after(1000, make_candy) # 開始產生糖果
window.after(1000, move_candy) # 開始移動糖果
window.after(1000, check_hits) # 檢查角色是否觸碰糖果
window.after(1000, move_character) # 處理鍵盤控制
```

更進一步
實驗與延伸

實驗1：打造密碼產生器

寫出一個應用程式在使用者按下按鈕時提供隨機產生的密碼。結合常見字詞、分隔符號和數字來產生密碼。

虛擬程式碼

匯入**Tkinter**及**random**模組

建立字詞清單及分隔符號清單

make_password函式

　　從字詞清單取得隨機詞

　　從分隔符號清單加入隨機項目

建立**GUI**視窗

以**make_password**回呼建立按鈕

程式碼提示

以下是結合從清單隨機選取的字串的範例程式碼。

```
commonWords=['cat', 'dog', 'jump', 'train', \
'toast', 'water', 'phone']
specialChars = ['!', '$', '%']

password = random.choice(commonWords) + random. \
choice(specialChars) + random.choice(commonWords) \
+ str(random.randint(0,100)) + random. \
choice(specialChars)
```

實驗2：打造歌詞產生器應用程式

為第1章的歌詞產生器專題添加圖形使用者介面。建立一個應用程式讓使用者回答幾個問題，並按一個按鈕來根據回答產生一首歌。用以下的程式碼在按鈕加上圖片（musicNotes.gif是和Python檔案在同一個資料夾的圖片，可以從列於第138頁的網站下載或建立自己的圖片）。

```
button_image = PhotoImage(file="musicNotes.gif")


button = Button(window, text = '產生歌詞',image \
= button_image, compound = TOP,
command = create_song)
button.pack()
```

可以這樣設定視窗的顏色：

```
window.configure(bg="MediumPurple1")
```

還可以這樣設定標籤的顏色：

```
red_label = Label(window,text='紅色的東西，例如玫
瑰：',bg="MediumPurple1", fg= 'black',)
```

如果需要在應用程式上加一點空間，可以像這樣加入空白標籤：

```
top_label =
Label(window,text='',bg="MediumPurple1")
top_label.pack()
```

實驗3：打造投票應用程式

寫出一個應用程式讓使用者按按鈕來做投票的選擇，並更新計票。例如可以用投票應用程式來判斷一個人是狗派還是貓派。這個程式碼類似本章遊戲裡的分數更新。

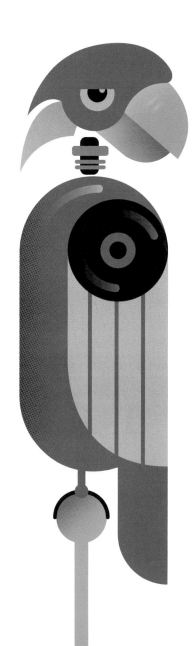

實驗4：打造街機風格生存遊戲

修改和擴充糖果怪獸遊戲成為「蜘蛛生存遊戲」，讓使用者不是接住而是閃躲物件（蜘蛛）。遊戲的目標是存活最長時間；底部的計分欄會顯示已經存活的秒數。和之前一樣，遊戲的難度由物件速度隨時間增加來提升。

以下是需要做的修改：

給玩家新角色；例如可以用列於第138頁的網站提供的火柴人GIF檔案，並變更程式碼來使用這個圖片。

```
player_image = PhotoImage(file="stickfigure.
gif")
mychar = canvas.create_image(200,360,image = \
player_image)
```

用蜘蛛圖片取代用來產生糖果的畫布物件。把這個程式碼放在make_spiders函式外面（**make_candy**函式的另一個版本）。

```
spider_image = PhotoImage(file="spider.gif")
```

把以下用在make_spiders函式裡面：

```
    yposition = random.randint(1,400)
    spider = canvas.create_ \
image(0,yposition,image = spider_image)
    # 把蜘蛛加入清單
    spider_list.append(spider)
```

我們需要再加入以下的程式碼，讓使用者可以往四個方向移動，同時不能跑出邊緣。把以下加入check_input：

```
    if key == "Up":
        move_direction = "Up"
    elif key == "Down":
        move_direction = "Down"
```

變更讓**move_character**函式使用所有方向並檢查邊緣：

```python
def move_character():
    if move_direction == "Right" and canvas. \
coords(mychar)[0] < 400:
        canvas.move(mychar, 10,0)
    if move_direction == "Left" and canvas. \
coords(mychar)[0] > 0 :
        canvas.move(mychar, -10,0)
    if move_direction == "Up" and canvas. \
coords(mychar)[1] > 0 :
        canvas.move(mychar, 0,-10)
    if move_direction == "Down" and canvas. \
coords(mychar)[1] < 400:
        canvas.move(mychar, 0,10)
    window.after(16, move_character)
```

變更移動，讓蜘蛛出現在左邊並往右移動。注意，蜘蛛在到達邊緣後不會回來。

```python
# 函式把蜘蛛從左向右移動
def move_spider():
    # 用迴圈跑過清單並變更x位置
    for spider in spider_list:
        canvas.move(spider, spider_speed, 0)
    window.after(50, move_spider)
```

變更分數更新的方式，讓它每秒更新一次，而非等待有接觸時。

實驗5：雙人遊戲以及更多

理解寫成其中一種遊戲的程式碼後，就可以擴充遊戲，例如：

● 把蜘蛛生存遊戲變成過馬路遊戲，只有在玩家通過畫面、避開蜘蛛或其他物件，並安全抵達終點圖示時更新分數。

● 寫一個尋寶遊戲讓使用者到處移動蒐集寶物並閃避敵人。當玩家到達傳送門圖示，變更背景和物件來構成新的關卡。

● 用放置畫布中央的畫布圖片物件來自訂圖片或新增背景圖片到視窗。

● 把這些遊戲變成雙人遊戲。例如在蜘蛛生存遊戲用不同圖片建立另一個用WASD按鍵控制的玩家。在底端顯示兩個玩家的分數。

● 加入在按下空白鍵時發射雷射或飛彈的功能。你可以建立一個從玩家出發的新畫布物件，並把它加到新的雷射清單，接著排程一個函式來移動雷射清單裡的項目，並檢查是否擊中遊戲中其他項目。

邀請親朋好友來鑑賞你的程式設計技巧並測試應用程式和遊戲，取得可以用來進一步改善你的專題的意見回饋。

你還可以做什麼？

學會在Python寫這些專題的程式後，接下來呢？以下是幾種讓你運用新技能和拓展Python程式設計知識的方式。

Python搭配micro:bit進行實體運算：LED編程、馬達、喇叭等

micro:bit是一種平價的小型電腦（由微控制器驅動），可以用MicroPython（針對微控制器的Python版本）編寫程式。你可以在microbit.org線上使用MicroPython，或下載編輯器，例如：Mu（codewith.mu）。Python程式碼可以控制LED（發光二極體）、馬達、喇叭和做很多其他事情。

以下是一個簡單的Python程式碼範例，用來在按下按鈕A時點亮LED並顯示打勾，接著在按下按鈕B時關掉LED並顯示打叉。另外，在搖晃micro:bit時，它會顯示1到6的隨機數（即數位骰子的功能）。你可以用像這樣的micro:bit專題來打造自己的遊戲板或其他應用。

按下按鈕A
點亮LED並
顯示打勾

按下按鈕B關
掉LED並顯示
打叉

可能要視LED
類型在此加
裝電阻

LED

+ve（長腳），
連接到第1腳位

-ve（短腳），
連接到GND

```python
from microbit import *
import random
pin1.write_digital(0) # 關燈
display.show(Image.NO)
while True: # 不斷重複
  if accelerometer.was_gesture("shake"):
    roll = random.randint(1,6)
    display.show(str(roll)) # 顯示隨機數
  elif button_a.is_pressed():
    display.show(Image.YES)
    pin1.write_digital(1) # 開燈
  elif button_b.is_pressed():
    display.show(Image.NO)
    pin1.write_digital(0) # 關燈
```

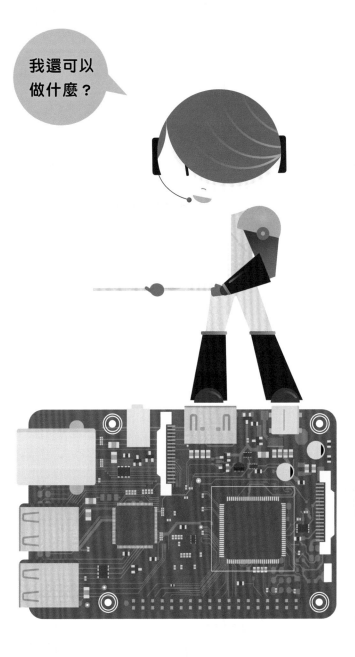

我還可以做什麼？

在Raspberry Pi使用Python

Raspberry Pi是平價的小型通用電腦，內建有Python 3。除了在Raspberry Pi執行本書的所有Python專題，你可以把它的GPIO（通用輸入／輸出埠）連接到LED、馬達、喇叭等裝置來進行實體運算。你也可以用Sense Hat等擴充板來擴充Raspberry Pi。以下的例子是用Python控制連接到Raspberry Pi的LED和按鈕。

```
from gpiozero import LED, Button
led = LED(17)
button = Button(2)
while True:
  if button.is_pressed:
    led.on()
  else:
    led.off()
```

實體運算及MAKER運動

micro:bit和Raspberry Pi在Maker（創客）運動中很受歡迎，在這波潮流中，每個人都能運用創意和製作技巧以不同材料打造各種裝置。Maker可以用程式碼創造有馬達轉動、燈光閃爍的好玩／好用玩意。

透過以下概念進一步拓展Python知識

除了學習更多方法來運用本書介紹的概念（清單、條件式、迴圈等），你還可以用本書沒有提到的概念來拓展Python的知識。

以下是一些建議。

字典

字典（dictionary）是沒有排序的清單，每個項目都是一個「**成對鍵值**」（key-value pair）。它有很多用途。以下的範例是用名為**scores**的字典來追蹤不同玩家的分數。這裡的「鍵」是玩家名稱，而「值」是分數。這比使用多個變數或清單更簡單。

```
scores = {'Mia': 56, 'Nico': 44, 'Joe': 97, 'Ana' :
100}
print(scores['Ana']) # 這裡顯示Ana這個鍵的值100
```

例外處理

我們在本書的專題裡做了一些錯誤檢查，例如：在第4章的骰子遊戲我們確認使用者輸入正確的選擇數量。但是專題在執行時還有很多可能發生的錯誤。程式執行時偵測到的錯誤稱為「**例外**」（exception）。為了寫出紮實的程式，我們在這種情況下要顯示錯誤訊息並優雅地離開程式。為了這個目的，我們要檢查幾種可能性：例如要開啟的檔案是否可用、輸入的數字是否有效等等。Python提供進行例外處理的輕鬆方法：try/except描述式。以下是個很簡單的例子，從無效的數字輸入或除以零等錯誤復原。

```
try:
    candy = input('輸入糖果數')
    persons = input('輸入人數')
    print('每人糖果數為', int(candy) // int(persons))
except:
    print('錯誤。無法計算糖果數')
```

檔案

字典

例外處理

實體運算

檔案

你的專題可能需要從電腦檔案儲存和寫入資料，下次執行時使用（例如玩家的高分紀錄）。Python提供很多建立、讀取、修改不同類型檔案的方法。以下的簡單例子是開啟一個存有高分紀錄的檔案並顯示該資訊。

```
fhandle = open('highscores.txt', 'r') # 開啟檔案供讀取
scores = fhandle.read() # 從檔案取得所有內容
print(scores)
fhandle.close()
```

使用其他標準Python模組來提升Python技能

Python標準資料庫裡有多個模組，下載Python時會同時下載。我們在本書已經用過以下：

■ 第2章：**Turtle**模組，用來畫海龜圖

■ 第3章：**Time**模組，用來在冒險遊戲建立暫停

■ 第4章：**Random**模組，取擲骰子的隨機數

■ 第5章：**Tkinter**模組，用來建立GUI遊戲和應用程式

這些標準模組是很好的入門。你可以用以下的模組來拓展技能（都包含在Python標準資料庫）：

■ **Math**：提供pi或平方根等數學函式。

■ **Statistics**：提供平均、中位數和變異數等函式。

■ **Datetime**：讓時間和日期的運算變簡單。

■ **CSV**：處理常用在試算表和資料庫的逗號分隔值格式。

■ **Webbrowser**：讓你顯示網頁文件給使用者。

網頁應用

進階遊戲

資料分析

機器學習

掌握程式設計工具，讓寫程式更簡單

使用IDLE時，你一定已經發現它會輔助你寫Python程式：在需要時縮排程式碼、以顏色標示程式碼的不同部分，和標出語法錯誤等。以下是IDLE裡其他能讓程式設計變更簡單的一些工具。

除錯器

對本書中多數的專題而言，如果依照建議一步一步加入少量的程式碼，並且在測試後才進行下一步，應該就不會遇到很難找或很難修正的錯誤。但為了讓寫程式更簡單，尤其對較大的專題而言，學會使用除錯器會更好。「**除錯器**」（debugger）是幫助我們在很多方面測試程式碼和找出bug的工具。舉例來說，它讓我們一行一行執行程式碼、在執行到特定一行時停止、並隨時顯示程式中變數的值。IDLE有內建的除錯器，在Python殼層按下「Debug On」（開啟除錯）就能找到。

程式碼自動完成

透過IDLE的「**自動完成**」（autocomplete）功能，我們不必記得函式的切確名稱和用途，而且可以在寫程式過程中發現新的函式。這個智慧程式碼完成輔助功能讓寫程式變得簡單很多。如果要在IDLE使用自動完成，只要輸入變數名稱和「.」，並等待IDLE提示你所有可能的函式請見顯示字串「s」所有可能函式的截圖。選取函式並輸入第一個「（」後，IDLE會提示這個函式所需參數的清單。

除了使用自動完成，還可以用Python的**dir**函式來找出所有可能的函式。例如有一個字串「s」，在Python殼層輸入**dir(s)**就能列出所有能控制這個字串的方式。

IDLE是一種IDE（整合開發環境），於下載Python時免費隨附。你也可以用其他的IDE和編輯器，例如JetBrains推出的**PyCharm**或微軟的**Visual Studio Code**；它們提供更強大的除錯和智慧程式碼完成工具。

```
>>> s = 'hello'
>>> s.
```

```
capitalize
casefold
center
count
encode
endswith
expandtabs
find
format
format_map
```

```
>>> s = 'hello'
>>> dir(s)
['__add__', '__class__', '__contains__', '__delattr__', '__dir__', '__doc__',
'__eq__', '__format__', '__ge__', '__getattribute__', '__getitem__', '__
getnewargs__',
'__gt__', '__hash__', '__init__', '__init_subclass__', '__iter__', '__le__',
'__len__', '__lt__', '__mod__', '__mul__', '__ne__', '__new__', '__reduce__',
'__reduce_ex__', '__repr__', '__rmod__', '__rmul__', '__setattr__', '__sizeof__',
'__str__', '__subclasshook__', 'capitalize', 'casefold', 'center', 'count', 'encode',
'endswith', 'expandtabs', 'find', 'format', 'format_map', 'index', 'isalnum',
'isalpha', 'isascii', 'isdecimal', 'isdigit', 'isidentifier', 'islower', 'isnumeric',
'isprintable', 'isspace', 'istitle', 'isupper', 'join', 'ljust', 'lower', 'lstrip',
'maketrans', 'partition', 'replace', 'rfind', 'rindex', 'rjust', 'rpartition',
'rsplit', 'rstrip', 'split', 'splitlines', 'startswith', 'strip', 'swapcase',
'title', 'translate', 'upper', 'zfill']
>>> s.capitalize()
'Hello'
>>>
```

透過強大的第三方Python套件再進一步

因為Python是廣受歡迎的開源語言，它有活躍的使用者和貢獻者社群，成員們為各種的應用建立了軟體，並以套件（模組的集合）形式免費分享給其他Python開發者。你可以到pypi.org查看Python Package Index（Python套件索引）裡可用的套件。以下是你接下來可以參考的幾個熱門第三方Python套件。

■ **PyGame**（Pygame.org）讓你在Python打造2-D遊戲。

■ 用Python程式碼撰寫和控制**Minecraft Pi**：為Raspberry Pi設計的Minecraft特別版。

■ **Requests**（docs.python-requests.org/en/master）和**BeautifulSoup**（crummy.com/software/BeautifulSoup）套件幫助你在專題裡存取網際網路內容。

■ **Kivy**（kivy.org）讓你建立跨平臺的多點觸控應用程式。

■ **Matplotlib**（matplotlib.org）是熱門的資料分析套件。

■ **Scikit-learn**（scikit-learn.org）提供好用的Python機器學習工具。

如何取得協助

在自己進行程式設計專題的過程中，你可能會遇到問題。有很多方法可以取得協助：

- **內建離線說明頁面**。在Python殼層時，按下「Help」（說明），接著按「Python Docs」（Python文件），就可以存取Python的離線說明頁面。你可以在搜尋欄輸入關鍵字或讀取教學和Python說明文件。

- **向其他程式設計師求教**。在網路上搜尋看有沒有其他人提出一樣的問題。Stack Overflow（stackoverflow.com）是程式設計師們常用來提問和分享解決方法的網站。

- **以Python為第一個字在Google搜尋**。例如搜尋「python turtle circle」就會顯示Python.org的說明文件和其他的教學或Python程式設計師提供的答案（常來自Stack Overflow）。

- **造訪Python.org**。這是個找到其他Python資源的好起點。

學習物件導向程式設計來拓展技能

寫較大的專題或和其他人合作時，有一個不同的程式設計方法可以讓分工及管理更簡單：「**物件導向程式設計**」（object-oriented programming）。這種方法不是專注在函式和程式執行的順序上，而是把專題分成不同物件，各個物件包含資料儲存和使用的方式。物件導向程式設計在Python是透過類別（class）來進行。

發掘靈感！看看其他程式設計師如何使用Python

Python在全世界有很多成功的應用。以下是一些例子，更多在Python.org的成功案例區。

- **3D模型和3D動畫**。Python可以和免費、開源的3D動畫工具**Blender**（blender.org）整合。藝術家和動畫師用Python在Blender把工作自動化並建立沒有程式碼無法完成的模型和動畫。

- **網頁應用程式**。網際網路上有很多地方以某種方式使用Python，包含**Google**、**YouTube**和**Twitter**。Python程式設計師不斷用Python建立網頁應用程式，因為透過多種強大的Python架構，例如：**Django**和**Flask**，它快速、安全、可擴充，且容易使用。

- **科學研究**。有很多科學家借助NumPy和Matplotlib等資料科學套件用Python來分析研究資料。另外還有能夠處理特定類型科學資料的Python資料庫，例如：**Biopython Project**提供了針對計算分子生物學的Python工具。

- **人工智慧和機器學習**。很多程式設計師用Python來建立透過機器學習來辨識臉部、理解語言、偵測物件、推薦商品、發現詐欺等等的智慧應用。Python提供多種強大的機器學習資料庫和套件，例如：**TensorFlow**和**scikitlearn**。

- **創作音樂**。Python在音樂專題中有不同用途，例如**FoxDot**提供了豐富的音樂創作環境。

學習程式設計的唯一方法是花很多時間寫程式。練習「主要概念」段落中的所有程式碼小範例來理解程式設計的基本概念、把章節的專題打造成自己的版本，接著挑戰「嘗試和延伸」的所有專題來強化理解。用自己的創意和Python程式碼來寫出自己的專題不只是學習程式設計的好方法，更樂趣無窮。

詞彙表

....

演算法（algorithm）：為了完成某項工作的步驟順序，例如烤蛋糕的食譜和計算分數清單平均的步驟。

自動完成（autocomplete）：自動顯示完成程式碼的所有可能方式，例如：字串的可能函式。IDLE和其他IDE提供自動完成功能，讓寫程式更簡單。

綁定（binding）：連結針對事件或物件執行的函式，例如：把按下按鍵時移動角色的函式綁定到鍵盤物件。

布林（boolean）：true或false的描述式，例如：5 > 3為true但3 > 5為false。

Bug：使程式無法如預期執行的程式碼錯誤。

畫布（canvas）：應用程式視窗中用來顯示形狀、圖片等的部分。

聊天機器人（chatbot）：以文字和人類溝通的程式。

程式碼（code）：用電腦理解的語言寫成、用來執行特定工作的一套指令。

註解（comment）：讓程式設計師更容易讀程式碼和之後修改的筆記；在Python，註解以開頭「#」輸入。

條件（condition）：有true或false的值的布林表達式，例如score > 100可以是true或false，視score在遊戲中當下的值而定。

條件式（conditional）：根據true或false執行的描述式；if、then、else的描述式都是條件式。

條件迴圈（conditional loop）：條件為true時不斷重複執行的一套指令，例如：while score < 10是在分數小於10時一直執行這段程式碼的條件迴圈。

資料（data）：電腦儲存的資訊。

除錯器（debugger）：協助測試程式並找出bug的工具。

除錯（debugging）❶：找出並移除程式碼中的bug或錯誤。

事件導向程式設計（event-driven programming）：程式或程式碼根據事件（使用者或其他程式的動作）來執行。

事件處理器（event handler）：事件觸發時執行的一段程式碼，例如：在按鈕按下時顯示「Hello」的函式就是按鈕按下的事件的事件處理器。

例外（exception）：程式執行時可能造成它停止的錯誤。

浮點數（float）：4.23這種有小數點的數稱為浮點數。

流程圖（flowchart）：視覺呈現演算法的一種方式。

函式（function）：有名稱、執行特定工作，並在某些情況下擷取資訊的程式碼。Python有print、input等標準函式。

FPS：每秒幀數，顯示每秒畫面更新的速度

GIF：圖片的一種檔案格式，在本書第5章的範例中有使用。

GUI：圖形使用者介面，讓使用者在文字之外透過圖示等圖形元素和電腦互動。

全域變數（global variable）：能由程式所有部分存取的變數。

匯入（import）：提供Python中模組內函式和定義的存取的一種方式。

整數（integer）：43這種數稱為整數。

IDE：整合開發環境（integrated development environment）的縮寫。IDE是讓使用者輸入、編輯和執行程式碼的應用程式，提供讓寫程式更簡單的工具。IDLE便是IDE的一個例子。

編譯器（interpreter）：讀取使用者寫出的程式碼並在機器上執行。

區域變數（local variable）：只能在一個函式內變更或使用的變數。

迴圈：重複執行的一套指令。

模組（loop）：Python內有函式和定義的檔案，例如：turtle模組有使用Python海龜所需的函式。

巢狀條件式（nested conditional）：一個條件式內有另一個條件式。

巢狀迴圈（nested loop）：一個迴圈內有另一個迴圈。

物件導向程式設計（object-oriented programming）：將程式組織成各個物件，搭配操控物件的資料和函式的程式設計方式。

參數（parameter）：給予函式的資訊，例如：print函式會取要顯示的字串做為參數。

實體運算（physical computing）：對LED、馬達、喇叭等現實世界的物件設計程式。

程式（program）：以電腦理解的語言寫成，用來執行特定工作的一套指令。

虛擬程式碼（pseudocode）：以英文等自然語言寫成的非正式演算法。

隨機（random）：指具有機率元素、每次不同，或不固定。

執行階段錯誤（runtime error）：程式執行時出現的錯誤。

殼層（shell）：Python IDLE的互動部分，可以輸入Python程式碼進行嘗試；也是將文字輸入程式和程式的輸出顯示的地方。

字串（string）：任何文字都是字串，以單引號或雙引號輸入，例如：'Hello'和" Susan"。

語法錯誤（syntax error）：程式語言使用上的錯誤，例如：拼錯字。

值（value）：變數的內容。

變數（variable）：儲存資訊的項目，具有名稱和值，並對應記憶體中的位置。

Widget：按鈕、標籤、選單等屬於GUI程式一部分的圖形元素。

視窗（window）：屬於GUI程式的一部分，是電腦畫面上對應應用程式的獨立顯示區域。

編註：中文多直接說「debug」。

資源

···

Python

免費下載Python、獲得Python相關問題的協助，並深入瞭解程式設計。

www.python.org

Creative Coding in Python

所有與本書相關的資源。

www.creativecodinginpython.com

Quarto Knows

在出版社的網站檢視及下載本書所有專題的完整程式碼，以及專題中使用的圖片。

www.quartoknows.com/page/creativecoding

Computers for Creativity

關於程式設計（Python及其他語言）及其應用的更多資訊，還有給教師的專題概念和資源。本書作者的網站。

www.computersforcreativity.com

致謝

感謝我的丈夫兼最好的朋友維傑（Vijay）鼓勵我寫這本書，並從頭到尾支持我。感謝我的女兒特麗莎（Trisha）和兒子凱爾（Kyle）在「酷」和有趣的事物方面提供誠實的意見，以及幫助我從電腦程式設計師轉型到中學孩童的教學。如果少了他們，我肯定無法為我的課堂和本書設計專題。特別感謝凱爾的電玩專長。感謝我的母親教我努力工作的樂趣，以及在我夏天寫作時烹調美味的菜餚。感謝我的朋友們和大家族對這個寫作計畫的正面回應和珍貴的技術建議。

我很感念在洛斯阿圖斯學區的教學經驗和創新的主管們傑夫（Jeff）、艾莉莎（Alyssa）、珊卓拉（Sandra）和凱倫（Karen），他們支持讓我完成全世界最棒的工作：讓學區內所有學童接觸電腦科學。我想感謝我的教師社群：洛斯阿圖斯學區的STEM團隊、參與我在山麓學院KCI創新中心舉辦的程式設計工作坊的數百名老師，和優秀的#csk8和CSTA（電腦科學教師協會）團體。你們對我的課程的熱烈回響讓我相信應該以書的形式分享我的教學方法。

最後也最重要的是：感謝多年來在我的課堂上學習程式設計的數百名學生。你們的學習熱忱和創意專題是我寫這本書的動力。

關於作者

希娜・瓦伊迪耶納坦（Sheena Vaidyanathan）為美國國內公認電腦科學教育專家，曾任電腦科學教師協會董事、Code.org教育顧問，並於多場教育研討會發表其研究。

她是加州洛思阿圖斯學區的青少年電腦科學教師，同時也是電腦科學整合專家；她在此設計電腦科學課程、執行8年制教育STEM課程專業開發，及教授初階代數、數位設計和視覺藝術。她也擔任山麓學院卡魯斯創新中心電腦科學專業開發計劃總監，並在此教導老師們學習Python程式設計。

她透過寫作文章、研討會發表及個人網站（computersforcreativity.com）分享多年的程式設計教學經驗、學生作品與精采範例。進入教育領域前，她以電腦科學家和科技創業家的身分在矽谷工作超過10年。

索引

#，22

:，62

_，92

3D動畫，134

A

abstract art（抽象藝術），98

algorithm（演算法），12

    flowchart（流程圖），13

    pseudocode（虛擬程式碼），12

AND運算元，59，60

App（應用程式），104

artificial intelligence (AI)（人工智慧），91，134

autocomplete（自動完成），132

B

Beautiful Soup，133

begin_fill函式，41

binding（綁定），111

Blender，134

Boolean expression（布林表示式），58，59-60

Boolean operator（布林運算元），59

Boolean value（布林值），56，65

    false（假），56

    true（真），56

bug，11

C

calculation（計算），23-25

canvas（畫布），110

chatbot（聊天機器人）

code（程式碼），8

collision（碰觸），121

comment（註解），22

condition（條件式），58

    conditional statement（條件敘述式），61，62

    conditional loop（條件迴圈），66-68

    elif敘述式，58

Cynthia Solomon（辛西亞・所羅門），38

CSV，131

D

data（資料），16

Datetime，131

debug（除錯），11

debugger（除錯器），132

dictionary（字典），130

dir，132

E

elif敘述式，58

ELIZA聊天機器人，26

end_fill函式，41

error（錯誤），11

　　debug（除錯），11

　　debugger（除錯器），132

　　event handler（事件處理器），104，111

　　exception（例外），130

　　runtime error（執行階段錯誤），11

　　syntax error（語法錯誤），11

error checking（錯誤檢查），75

event-driven programming（事件驅動程式設計），104

event handler（事件處理器），104，111

exception（例外），130

F

false（假），56

file（檔案），27

find_card_order函式，100

float（浮點數），21

　　print函式，11

flowchart（流程圖），13

FoxDot，134

frames per second (FPS)（每秒幀數），122

function（函式）

　　autocomplete（自動完成），132

　　begin_fill函式，41

　　binding（綁定），111

　　dir，132

　　end_fill函式，41

　　event handler（事件處理器），104，111

　　find_card_order函式，100

global variable（全域變數），120

int函式，25

local variable（區域變數），120

lower()，75

move_character，112，122，127

move_circle，111

mover_coin，114

parameter（參數），84，86

print函式，11

G

George Boole（喬治・布爾），56

global variable（全域變數），120

Google，134

GUI (graphical user interface)（圖形使用者介面／圖形介面），104

　　loop（迴圈），40

　　Tkinter，104

　　widget（小工具），107

　　window（視窗），106

Guido van Rossum（吉多・范羅蘇姆），8

H

hello, world，10

I

IDE/IDLE (Integrated DeveLopment Environment)（整合開發環境），9

　　autocomplete（自動完成），132

　　shell window（殼層視窗），10

if-else條件式，61

import（匯入），38

indentation（縮排），62

int函式，25

integer（整數），21

interpreter（編譯器），9

interactive fiction（互動故事），69

input函式，19

K

Key-value pair（成對鍵值），130

Kivy，133

L

Leonard Stern（倫納德・斯特恩），32

Linux，8

list（清單），44

LOGO程式語言，38

loop（迴圈），40

　　conditional loop（條件迴圈），66-68

　　main event loop（主事件迴圈），104

　　main loop（主迴圈），105

　　nested loop（巢狀迴圈），43

local variable（區域變數），120

lower()，75

M

Mac，8

main event loop（主事件迴圈），104

main loop（主迴圈），105

Math，131

Monty Python's Flying Circus（蒙提・派森的飛行馬戲團），8

TensorFlow，134

Mad Libs，32

Matplotlib，133，134

micro:bit，128

MicroPython，128

Minecraft Pi，133

move_character，112，122，127

move_circle，111

mover_coin，114

N

nested loop（巢狀迴圈），43

New File（新增檔案），27

NOT運算元，59

NumPy，134

O

object-oriented programming（物件導向程式設計），134

operator（運算元），59

　　AND運算元，59，60

　　Boolean operator（布林運算元），59

　　Boolean value（布林值），56，65

　　NOT運算元，59

　　OR運算元，59

P

parameter（參數），84，86

player_score，16

pseudocode（虛擬程式碼），12

print函式，11

program（程式），8

PyCharm，132

PyGame，133

Python

Python Docs（Python文件），134

P

random module（隨機模組），88

Raspberry Pi，129

Requests，133

run（執行），27

run module（執行模組），27

runtime error（執行階段錯誤），11

Roger Price（羅傑‧普萊斯）

S

save as（另存新檔），27

Scikitlearn，134

Seymour Pape（西摩爾‧派普特），27

shell window（殼層視窗），10

Stack Overflow，134

Statistics，131

string（字串），17

syntax error（語法錯誤），11

T

true（真），56

Tkinter，104

turtle graphics（海龜圖），38

V

value（值），16

　　Boolean value（布林值），56，65

　　false（假），56

　　true（真），56

variable（變數），16

W

Wally Feurzeig（沃力‧弗爾傑），38

Webbrowser，131

widget（小工具），107

window（視窗），106

Windows，8